理解科学丛书

TELESCOPE

探天利器

戴铭珏◎编著

清華大學出版社
北京

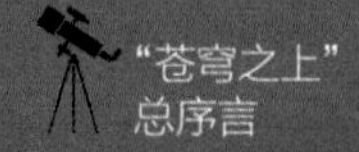

"苍穹之上"
总序言

文字创造出来的科普艺术

科普就是把复杂的知识通过简单的讲解让公众知道，文字科普是最简单、最原始的科普方式，它易于被公众接受和理解。科普面临着软与硬的问题，包含知识点较多的科普，科学概念较多，技术含量很高，这是硬科普，很难被解说得简单易懂。而那些知识含量较少的科普，可以叫做软科普，由于贴近我们的日常认识，就容易被公众接受，或者说能被完全理解。

在评价科普作品是否成功的时候，我们一般只评价它是否易于被公众理解，而忽视了科普的软与硬的问题。毫无疑问，在这种评价中，那些生物和地理方面的科普就很容易占到便宜，而那些与物理相关的科普就很难获得认可。在与物理相关的科普中，包含太多的概念，不了解这些概念，就读不懂科普。尤其是青少年，他们还没接触过那些抽象的物理概念，自然很难读得懂，这种情况在天文学科普中尤其突出。

古老的天文学是观测星象的学科，并把观测到的星象与人间事务联系在一起。当代的天文学，完全依靠观测技术的进步，大量的耗资庞大的观测设备出现了，它们形形色色、原理各异。它们的观测成就丰富了天文理论，导致天文物理知识大爆炸似的增长。这些物理知识很难被公众理解，这对天文科普提出了挑战。

“苍穹之上”天文科普丛书解决了这个问题，本套丛书对新知识、新发现进行了趣味的选取，并在此基础上进行艺术的重新构造之后，打磨出一套图文并茂的科普作品。这套丛书不仅选题具有趣味性，在写作方法上也别出心裁，采用比喻、拟人、自述等多种写作手法，文风各异，把所述的内容变得浅显、有趣、易懂，让文字的科普作品充满了艺术性。这既不是科幻的艺术性，也不是童话式的艺术性，而是面对着大量艰深物理概念的艺术描述。

本套丛书不是对天文科学知识进行简单的系统描述，它跟当前科普市场上的所有科普都不一样，这是艺术的科普，真正体现了科普的艺术性，这是消耗大量时间和精力的产物。

本套丛书重点反映的是最近十几年，尤其是最近几年的天文新发现。为了配合书中的文字讲解，搭配了大量的图片，这些图片或者来源于美国国家航空航天局，或者来源于欧洲航天局，特向这两个机构表示致敬，还有一些系统原理图片是作者自己绘制的。

序 言

从人类能够使用双脚站立起来那一天起，人们就开始观察星空，于是就产生了最古老的科学——天文学。天文学诞生之后，在上万年的时间内，几乎没有变化，人们的所谓研究范畴无非就是把星象与人间的事件联系在一起。只有在望远镜出现之后，天文学才真正称得上是科学。尤其是进入20世纪，一系列天文学的发现，让人们的视线进入到浩瀚的宇宙空间，技术的进步让一大批星际探测器进入太空，近距离观测研究太阳系天体。

20世纪60年代，美国阿波罗飞船登月，庞大的火箭才促成登月之举，离子推进引擎出现之后，也给再次探测月球带来了可能，在这一系列新的探月潮流中，智慧一号开创了一种新的方式，智慧一号的太阳能电池板把太阳能转化为电能后，用这些电能把惰性气体原子电离，然后高速向后喷出，由此产生向前的动力。

比智慧一号更进一步的是新视野探测器，这个探测器原来设想使用太阳帆到达最遥远的冥王星，最终没能使用太阳帆，它所使用的能量是放射性同位素发电机，燃料是二氧化钚，它在2006年踏上十年的漫漫征途，它探测的不仅仅是冥王星，还有太阳系遥远边疆的柯伊伯带天体。

新视野没能使用太阳帆远航，那是因为我们对太阳帆的驱动原理还缺乏认识，能驱动太阳帆前进的是太阳粒子。太阳粒子是太阳风的主要成分，为了能够得到最纯净的太阳粒子，起源号探测器在太阳和地球的引力平衡点，也就是拉格朗日点蹲守三年，收集太阳粒子，并把收集到的粒子带回地球。把外太空的物质带回地球似乎成为一种潮流，星尘号也是一个这样的探测器，它带回地球的是怀尔德2号彗星上的物质。日本的隼鸟探测器带回的是小行星上的物质。相比能够安全返回地球的起源号与星尘号，隼鸟探测器就历经了太多的磨难。

探测太阳系空间，带回太空物质是一种手段，撞击彗星也是一种手段，于是我们又看到了人间大炮打彗星这种场面。其实那是一场演习，目的是练好本领准备击碎撞击地球的外来天体。太阳近距离的行星都迎来了探测器，小行星也迎来了探测器，黎明号已经开始探测两颗较大的小行星谷神星和灶神星，大行星土星也迎来了个头最大的卡西尼探测器，它成为土星的卫星，探测土星这个庞大的家族。

发射探测器，仅仅在太阳系这样的近距离有效，对于遥远的浩瀚星空，更好的探测方法是望远镜。伽利略望远镜和开普勒望远镜，都没有取得大发展，得到大发展的是牛顿式望远镜，这是种反射式望远镜。当代的大型望远镜基本都是反射式，而且使用多个镜片组合成一个大镜片，在这方面，凯克望远镜是大口径望远镜的先驱者，它的建造涉及光学自适应技术、光学干涉技术等，其他大型望远镜也普遍使用了这些技术，中国的郭守敬望远镜也是这种新思路的产品。

不管是古代还是现代，天文台都建造在高处，这是因为高处可以克服大气抖动，获得更好的成像效果，于是，搭载在飞机上的空中天文台出现了。要想获得更好的效果，最好是飞出地球大气层，把望远镜放置到太空，哈勃望远镜和斯皮策望远镜就是这样的杰出代表。至于哨兵望远镜要放置在太空，仅仅是为了在特别的角度观测小行星。

来自遥远宇宙的信息并不仅仅是电磁波中的可见光，还有电磁波的其他波段，这是一个全波天文学的时代，所以不仅有光学望远镜，还出现了伽马射线望远镜、X射线望远镜、紫外线望远镜、红外望远镜、射电望远镜等，在它们之中，大规模应用的是射电望远镜，它可以组成阵列，得到更好的观测效果。

除了电磁波之外，来自宇宙的信息还有中微子和引力波，它们是大规模天体活动的产物。在南极，就建有探测中微子的探测器，下一代的引力波探测器也将飞上太空，虽然它们并不需要镜片，甚至不成像，但也被称为望远镜。其实它们是各种各样的探测器，基于不同的原理工作，比如，观测大气层，就能得到伽马射线的消息，于是就出现了观测大气层的望远镜，这些所谓的望远镜是人们观测宇宙的另类眼睛。

探测器让我们获得的是对宇宙天体的个体认识，各种望远镜让我们得到的是对宇宙的普遍认识，人们已经知道，庞大的宇宙与微观世界紧密相连，于是又建立了强子对撞机，强子对撞机能够让人们获得对宇宙的终极认识。

目录

智慧一号
——比汽车还慢的月球探测器

欧洲航天局（简称欧空局）的第一个月球探测器是智慧一号，它在2003年9月27日成功发射升空，发射之前，因为技术原因，曾几度推迟发射时间，这个在南美法属圭亚那基地库鲁航天发射中心升空的探测器，搭乘的是一枚阿丽亚娜－5型火箭。这个由欧空局研制的火箭升空后41分31秒之后，探测器成功实现星箭分离，智慧一号缓缓地踏上了奔月的航程。

复杂的轨道方式

值得注意的是，智慧一号需要15个月才能到达月球，对于一个航天器来说，这个速度实在是太慢了。当年的阿波罗飞船只用了一个星期就实现了往返。飞到6000万千米之外的火星探测器，也只需要6个月就可以到达目的地。跟它们比起来，智慧一号的速度还不如汽车。我们知道，月球距离地球有38万千米，如果开着时速达到80千米的汽车，也只需要6个月就能到达，相当于航天器飞到火星所用的时间。可是这个月球探测器，竟然要15个月的时间才能到达目的地。不要说汽车，就是自行车，只要不停地蹬，也会比它更快到达月球。

我们知道，宇宙探测器要飞向某一个目标，并不是直接飞向目的地，由于它所携带的能量极其有限，这些能量一般不会用于给飞行器加速，而是用于制动装置的使用。所以，它们要尽量使用空间环境，利用几个星球的引力来为自己加速。它们飞行的路线基本上都是循环往复的大椭圆。当年的NEAR－苏梅克小行星探测器，就是多次借用地球的引力，经过四年的航程才到达爱神星。伽利略探测器也采取了与此类似的方法。

与此相同，智慧一号也采取了这种轨道方式，只不过，它的轨道比所有的航天器都更加复杂。当它脱离地球引力的时候，还要环绕地球飞上无数圈，然后它才会调转方向飞向月球，到达月球的时候也不是直接落在月球上，而是要先环绕着月球飞行，所以从这点上来说，它首先要成为地球的卫星，完成复杂的轨道变更以后，再成为月球的卫星。只有成了月球的卫星，它才能进行自己的探测使命。

智慧一号的使命

20世纪60年代是充满激情的宇航时代，美国和苏联在这一领域展开了激烈的争夺，阿波罗登月飞船首次把人类的足迹印在了月球上，苏联人虽然没有把宇航员送上月球，但是他们的“月球号”系列探测器，多次降落在月球上，也作出了令人瞩目的成绩。

40多年过去了，重返月球的口号又被提起，许多国家都作出了探测月球的准备，欧空局也作出了积极的响应，智慧一号就是这个响

应的产物。

这个探测器全部由低成本、小型化的尖端技术部件建造而成，造价约1.1亿欧元，整个质量仅为367千克，体积约1立方米，两个太阳能电池板展开后，长度仅有14米。

智慧一号的使命是探测月球，但它并不能着陆月球，而要围绕着月球运行半年以上，它携带有红外探测器，可以拍摄到比之前都详细的月球表面照片，绘制出月球的地貌图。它对月球岩石也很有兴趣，通过对岩石的研究，可以告诉我们，月球上是否有水。它所提供的资料将有助于人们研究月球45亿年前形成的奥秘，并进一步推知月球与地球之间的关系。

由此可见，从它的使命来说，它与别的探测器没什么不同，技术上也没什么突破，所以说，欧洲空间局的真正目的不在探索月球方面。他们真正的目的在于检验这个探测器上所携带的一种新的动力装置。

具有开拓意义的能量利用方式

当年的阿波罗登月飞船所携带的是化学能量，起飞时的质量是极其巨大的。如果把它比作一个酒瓶子的话，那么它的有效载荷，也就是登月舱，只相当于一个瓶盖。从经济上来说是非常不划算的。这就是使用化学能量的弊端，它们的产热极小。即使是现代的航天器，所携带的能量也基本都是甲烷、液氢、液氧等化学能量，在未来的航天中，这种产能极低的方式必然面临被淘汰的命运。那

么什么才是更好的能量利用方式呢?

在这一点上，智慧一号进行了一些尝试，它使用的是太阳能氙离子火箭。它携带一对太阳能电池板，当到达太空的时候，这对太阳能光板会自动展开，并且调节角度，对准太阳，充分地吸收太阳的能量。这些并不新鲜，几乎现在所有的探测器都能够使用太阳能。

但是，智慧一号与众不同的是，它在把太阳能转化为电能后，还可以用这些电能把惰性气体原子电离，然后高速向后喷出，由此产生向前的动力。它所携带的惰性气体是氙原子，这种粒子火箭的效率要比普通化学能量发动机高出10倍，这样它只需携带很少的能量就可以上路，使它拥有更多的空间来装载各种探测月球的仪器。

另外一个方面，由于发动机主要利用太阳能，在那空茫的无重力的宇宙中，它可以连续运转好几年。除此之外它也携带一些化学能量，但是这些化学能量只起到辅助作用。

追究这种航行技术的历史，源于火星之旅的需求。人们对未来的火星之旅向往已久，但是，在那么漫长的航行中使用什么样的能量一直是一个人们争论的话题。有人提出阳光动力火箭方案，就是用抛物面将太阳能聚集起来，把液氢加热到2500摄氏度高速喷出，以此来产生动力，这种被称为阳光动力火箭的方式已经比化学能量方式先进了许多，智慧一号也就是在这种设计方案的启发下诞生的。它的产能效率比前者还高。

此前，这种技术已经在卫星上试验多年，主要作用是调控卫星的运行姿态，现在，人们要利用这种技术进行远航。虽然经过了很多年的试验，但是它的功率仍然很低，动力还是不够强劲，除了轨道因素外，这是它比汽车还慢的另一个原因。

智慧一号的额外使命

在如何建造新一代的航天探测器方面，欧空局提出一个口号：“更小，更便宜，更先进。”当年6月发射的火星快车就是这种使命下的产物，这个被称为“小猎犬”的探测器没有使用自己的火箭，而是使用在飞往火星的技术上早已成熟的俄罗斯“联盟”火箭送上天。他们就是这样精打细算，这与中国独立自主发展航天计划的思路有所不同。

智慧一号就更加体现了精打细算的思路，它之所以引起各界的广泛关注，不仅是因为它是欧空局的第一个月球探测器，更重要的是，它所采用的这种离子发动机装置，将会开创一种全新的宇宙航行方式。一旦获得成功，在未来的上百年间，它将会成为星际旅行的主要动力装置。

事实证明，这种航行技术是成功的，在耗时14个月的时间里，航行8400万千米，只消耗了大约70千克燃料，大约为使用化学燃料发动机的传统航天器所需燃料的1/10。在这个过程中，2004年11月15日，它进入绕月轨道，利用仪器分析月球的化学成分，2005年1月，发回来第一张月球近距离图像，一个月后，到达最终的环月轨道，环月周期为五个多小时，它进行了很多科学实验。X射线分光计和红外线帮助科学家第一次获得月球表面钙和镁等化学元素的含量数据，描绘出了月球元素和矿物分布的最详细地图。

鉴于智慧一号还剩余一些燃料，欧空局决定给它增加一项额外的任务，这个任务也是悲壮的。科学家决定让它撞击月球，来验证月球上是否有水。2006年9月3日，它几乎贴着月球表面飞行，以几乎平行的角度撞击到月球上，那一刻，智慧一号的生命得到了进一步的升华。

新视野，开拓太阳系的边疆

新视野踏上征程

2006年1月，美国佛罗里达州卡纳维拉尔角空军基地，又一个探测器飞往了太空，这是美国的“新视野”，承载“新视野”起程的是“阿特拉斯”三级运载火箭，它的速度可达每秒13千米，这样的速度让它在几个小时之后就越过了月球轨道，而当年的阿波罗登月飞船却花费了3天的时间。

“新视野”的样子像是一台洗衣机，大小也如同一台洗衣机，质量是416千克。踏上征途之后，它的电子系统将会处于休眠状态，这样可以节省能量，它所使用的能量是放射性同位素发电机，燃料是二氧化钚，这并不是新的能量系统，早在20世纪60年代就已经使用了。让人们关注的不是这些，让人们关注的是“新视野”的意义。

这是首个飞往冥王星的探测器，它的目的地是远离太阳40多亿天文单位的冥王星，还有比冥王星更远处的柯伊伯带天体，那里被称为“地狱”，那里也是太阳系的边疆。为了这次远征，“新视野”计划酝酿了十几年，在这十几年的时间内，它多次面临夭折。

从“冥王星－柯伊伯快车”到“新视野”

在20世纪90年代，美国国家航空航天局（NASA）制定了一个名为“冥王星－柯伊伯快车”的计划，来探测冥王星及其卫星卡戎和柯伊伯带天体。这个探测器计划于2004年12月18日发射，2012

年12月24日与冥王星相遇。此计划无疑有极大的科学价值，如果能够实施，将会大大增加我们对太阳系边缘的了解。

但是，随着深入调研，此计划的预算增长了两倍，达到8亿美元。NASA同时还希望进行探测木卫欧罗巴的计划，另外，两次火星登陆的失败也令NASA雪上加霜。2000年9月13日，NASA宣布停止冥王星－柯伊伯计划。这遭到了很多天文学家的激烈反对，它们坚持要让探测冥王星计划再次上马，美国的行星学会发动了“拯救冥王星计划”运动。

行星学会鼓动科学家们，还有那些热衷于太空探索的人们，通过传媒、网络，散发万张明信片、书信等各种形式让大众及国会议员们了解探索冥王星和柯伊伯带的重要意义，敦促美国国会提出议案要求航天局重新做出考虑。

人们的努力没有白费，最后美国国家航空航天局于2000年12月20日发表了声明，他们将不采用原计划，而是向世界范围内征集新的计划，并在大学、实验室等研究机构以及航空公司之间竞标，看谁的计划能够用最少的支出完成冥王星－柯伊伯之旅；而且还提出了比较苛刻的要求，提出的方案必须具有两个特点：一是要在2015年前飞抵冥王星，另一个是花费金额不能超过5亿美元，公开征集截止日期是2001年3月19日。

公开地由航天局之外的研究小组参与太空计划的竞标，这在美国航空航天局历史上还是首次。

还是行星学会，开始了为这个任务的奋斗，他们自己掏出400

万美元，用于研制太阳帆，试图用太阳帆为动力来实现冥王星的探测。这种利用太阳能的方式是利用太阳光子来驱动一个巨大的帆板，就像风吹轮船的风帆那样。这个风帆是用非常薄的材料制作的，当来自太阳的光子击打在这层薄膜上的时候，它就可以推动飞船前进了，这种方式中的动力系统就是太阳帆。利用太阳帆，可以很容易地使探测器的速度达到每小时90千米，使之能在数年时间里，飞到太阳系以外的空间。但是，有关太阳帆的研究却不是一帆风顺的，它的研制过程中遇到了很多意想不到的难题，直到现在，太阳帆还是没有通过正式试验。

与此同时，还有很多机构提出了其他方案，最后让NASA认可的是“新视野”计划。“新视野”计划的全名是“新视野－拓荒边疆”，又被译成“新地平线”。“新视野”飞船还肩负着其他科学使命，它要探测的目标还有柯伊伯带天体。

“新视野”的整个费用预计是4亿8千8百万美元，包括超过8千万的预算性储备，预计在2016年到达冥王星，这满足了航天局苛刻的要求。而且“新视野”还将携带更多的仪器，发回比原来的快车计划多十倍的观测数据。

这个计划是由一个临时组成的机构来完成设计的，它的主持者是西南研究所，其他成员来自二十多个大学和研究机构。最终这个项目就由美国霍普金斯大学应用物理实验室负责建造。

从“冥王星－柯伊伯快车”到“新视野”，让这次探测使命经历了一次生死的考验，幸运的是，美国的行星学会挽救了它，使这

个计划得以继续下去。

历尽磨难的“新视野”

就跟当初的“冥王星－柯伊伯快车”的命运一样，浴火重生的“新视野”也不是一帆风顺的，它的命运也是历尽坎坷。2002年2月，布什政府的2003财年预算中取消了拨给“新视野”计划的1亿2千2百万美元拨款，这让“新视野”再次遭受到严重打击，但是，探测冥王星的机会两百年才能有一次，错过了这个时机，冥王星上将会到处是寒冰，不利于科学探测。

又是美国行星协会再一次拯救了这个计划。他们在写给美国国会的声明中指出，1433年，当郑和的航队即将起程探险那未知的大西洋时，明英宗朱祁镇却将他们召回了——从而中国也就失去了在哥伦布数十年前发现美洲新大陆的机会；而今天，在21世纪，我们是否又要由于目光短浅而失去另一次探索新疆界的良机？

不仅是行星协会，还是其他的科学组织，都又重新把目光投到这个问题上，最后，美国国会终于通过了决议，支持探测冥王星以及柯伊伯带的“新视野”计划，要求政府继续提供资金资助，至此，坎坷的冥王星探测计划似乎该一路顺风地走下去了。但在2004年，它的命运再一次面临着严峻的考验。

这一年，美国重新制定了未来几十年的太空探测计划，把太空探索的目光集中到了月球上，在未来几十年内，美国要加紧准备登陆月球，为此需要花费大量的金钱，一大批空间探测项目因此被再

次否决。但是，“新视野”计划最终还是获得了资金资助，美国霍普金斯大学应用物理实验室负责继续实施“新视野”计划。

2005年，因为航天飞机不能正常使用，再加上资金困难，NASA再一次砍掉了一些太空计划，就连备受瞩目的“木星冰月亮”计划也被再一次推迟，但是，“新视野”计划并没有被推迟，它依然在按照原计划进行。

从“冥王星－柯伊伯快车”，到现在还在试验的太阳帆飞船，到正在实施的“新视野”，探测冥王星遥远边疆的计划经历了太多磨难。

“新视野”的老任务

“新视野”飞船计划在2006年1月发射，一年后，在飞越木星期间，“新视野”还可以对木星和它的卫星系统、及它的极光、大气、磁层进行探测。然后借助木星引力，加速到每小时7万千米，直飞冥王星。在此后的漫漫征途中，“新视野”将进入暂时休眠状态，关闭不必要的仪器来降低仪器损坏的可能性且大大减少开销，

它也不时向地球发回一些信号，并在一年中被唤醒50天，以供地面控制人员检查飞船状况，为其飞临冥王星做最后的准备。

在接近冥王星一年之前，它将被唤醒，并开始对冥王星和卡戎进行测量。当飞船距两星还有16万千米时，照相机开始绘制第一批地图。以后的三个月里，它将不断地拍摄照片，进行光谱测量。如果那时候冥王星的大气是冻结的，“新视野”还能够观测到季节的变化。

在和冥王星相遇的半天时间里，飞船将探测冥王星大气层发出的紫外线辐射，并分别在绿、蓝、红和对甲烷霜敏感的特殊波段绘制清晰的地图。它还将绘制近红外光谱图，来为我们揭示冥王星和卡戎的地表组成，以及各个组成的分布和温度。在距离最近的半小时之内，飞船将拍摄最为清晰的冥王星和卡戎“特写”，最清晰时能分辨冥王星上达60米的地貌！

即使当飞船飞离冥王星和卡戎后，还有很多工作有待完成。回视冥王星和卡戎最为阴暗的部分，是观察冥王星大气中的雾，以及辨认冥王星和卡戎表面是否平坦的最好方法。同时它也将回视太阳和地球的无线电波发射器，测量当太阳和地球落入两星的大气层中时所接收到的日光和电波的变化情况。

这些使命并不复杂，它仅仅是“新视野”使命的一部分，是到达冥王星之后必须要做的事情，它还有更加复杂的任务，它要解开那遥远边疆的许多秘密，首先，它要探测柯伊伯带天体的秘密。

1951年，美国天文学家柯伊伯提出，太阳系起源于一片星云中，首先形成的是太阳，残余物质形成了围绕太阳的星云盘。星云盘物质由于引力不稳定而迅速集聚成大行星，其余物质则形成了一些小天体，它们位于太阳系的边缘，这就是柯伊伯带，它位于冥王星轨道之外。1992年，他的预言被证实了。这一年，一颗柯伊伯天体出现在天文学家的望远镜里，它在遥远的冥王星以外，距太阳44天文单位处。

现在，已经发现的柯伊伯天体超过一千多颗，人们据此认为，冥王星和它的卫星也都是柯伊伯天体，只不过冥王星的反光率太高了，才使当初的发现者轻易找到了它。柯伊伯带有太多的问题需要解决，如果我们对那里的了解不够的话，就很难说了解了太阳系，所以，“新视野”的另一个任务是要探测柯伊伯天体。毫无疑问，“新视野”的行程一定会给我们带来更多有关这个家族的发现。

“新视野”的新任务

这也仅仅是“新视野”计划前几年所需要承担的任务，就在这两年，有关太阳系遥远的边疆不断地出现新的发现，这又将成为“新视野”的新任务。

原来，人们一直以为冥王星只有一颗卫星，那就是卡戎，但是，2005年11月，科学家发现，冥王星还有另外两颗卫星，它们俩质量较小，距离冥王星的轨道也太远，而且是逆行轨道。这两颗新卫星的发现无疑加大了“新视野”的任务，它需要关心的不是两颗天体，而是四颗。所以，等它到达那里的时候，科学家会给它增

加新的任务。

“新视野”的新任务还不仅如此，有关柯伊伯带不断地传出来新的信息。2003年，塞德娜又横空出世，它是在柯伊伯带发现的最大天体，但是，这个纪录很快又被打破，2005年7月29日，美国科学家又发现了太阳系中的一颗大天体，大小相当于冥王星的1.5倍。它也处于柯伊伯带，距太阳的距离是冥王星的3倍，暂时被命名为2003UB313。更多的人要让它坐上第十大行星的宝座，它是否有这样的资格，引得人们对太阳系边疆的极大兴趣。

事情仅仅过去了五个月，12月，在那遥远的地带，科学家再次发现了一个奇异的天体，它比冥王星略小，位于距离太阳58天文单位的地方，从来不会近到50天文单位，因为它的轨道基本是正圆形。这让科学家大惑不解，这么远的距离，它的轨道应该是椭圆

的。令人疑惑的还不仅如此，它的轨道倾角也很大，跟太阳系的盘面有47度的交角，这两个特征向我们固有的太阳系形成理论提出了严峻的考验。

近年来发现的这些特别的太阳系天体都位于柯伊伯带，毫无疑问，“新视野”在完成冥王星的探测计划之后，就会把它们列入研究对象，“新视野”在那遥远的地方，比我们在地球上研究那里具有更好的条件，当“新视野”探测完成冥王星和卡戎之后，它将会被重新定位，继续前行，飞向几个具有代表意义或者是容易接近的柯伊伯带天体，根据当时的具体情况决定目标，而探测过程也类似冥王星。“新视野”注定要大大开拓人们对太阳系认识的视野，这就是“新视野”计划的内涵。

一往无前的“新视野”

2005年7月，卡西尼探测器抵达土星，开始了对庞大土星家族的访问，迄今为止，它已经给我们带来了很多有关这个家族的秘密。2004年，信使号也起程飞往它的目标水星，2005年8月，金星快车也飞往了它的目标金星，火星和木星更是多次迎来探测器的造访，但是，唯有冥王星，这个太阳系最遥远的边疆地带，还没有一个探测器造访过，这给人类留下了很大的遗憾。

2015年7月14日7时49分，这个从“冥王星－柯伊伯快车”的死亡中浴火重生的“新视野”探测器，终于实现了目的，从距离冥王星1.25万千米的空间飞过。它拍摄的冥王星照片上有一块地区

就像是心脏，那是一个大块地区，它被命名为汤博区，汤博就是冥王星的发现者。

在冥王星这里，即使是无线电信号，也需要行走四个半小时才能来到地球。它拍摄的照片在随后的几个星期内源源不断地传回地球，极大地刷新了人类对冥王星的认识。

10多年的立项准备，9年多的长途飞行，50亿千米的漫漫旅程，2015年7月14日，“新视野”终于实现了目的，拜访了冥王星。这是人类拜访最远的星球，这也是它被命名为“新视野”的真正含义。接下来，它会继续前行，去拜访其他的柯伊伯天体，到更远的太阳系边疆区，开拓人类更宽广的视野。

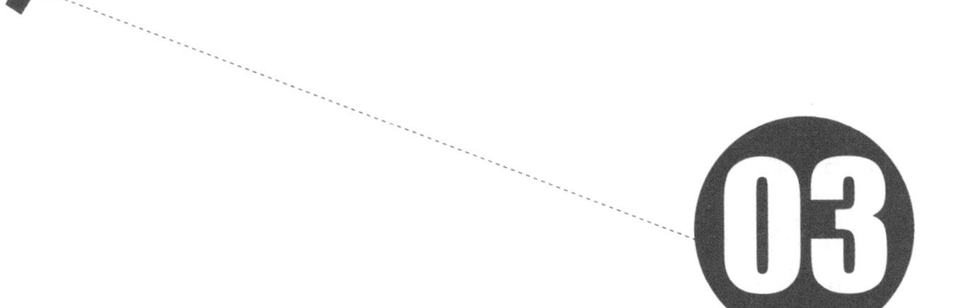

03 “起源号”的起源和归宿

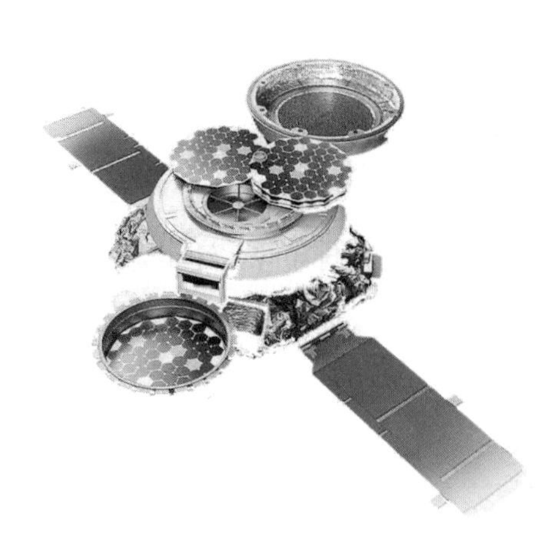

“起源号”的起源

太阳不仅把它的光子源源不断地撒向广漠的虚空，同时也把其他的带电粒子抛撒出来，它在自转的时候，这些太阳粒子呈阿基米德螺旋线的形式向外界撒播，这样的太阳粒子又叫做太阳风。它们包含了有关太阳的很多信息，科学家很想研究这些太阳粒子究竟是什么东西，以及它们所包含的物理成分，但是这却不可能。不可能的原因是，在这些粒子到达地球之前，它们就会受到地球磁场的影响，这样我们就无法获得纯净的太阳粒子。为了获得太阳粒子，科学家考虑派一个探测器到太空去收集太阳粒子，这个探测器就是“起源号”。

把太阳粒子带回家

“起源号”于2001年8月8日发射升空。当时，它的名字被翻译成“创世纪号”。也有把它翻译成“追日号”的，上路之后，它需要3个月的时间才能抵达预定位置，这个位置距离太阳160万千米。这是一个特别的位置，在这个位置上，太阳和地球的引力相互抵消。从力学上来说，这是个拉格朗日点，“起源号”就是要在这样的位置上运行三年，它在那里进行日光浴，这样可以使它收集到极其纯净的太阳粒子，它上面携带着由高纯度蓝宝石、硅、金和金刚石等制成的收集装置，成功俘获并保存了太阳风粒子。之后，探测器俘获的珍稀“战利品”将会被封存入返回舱内。收集到的这些太阳风粒子只有20多微克，只相当于几粒精盐。

这些微粒物质是非凡的宝贝。46亿年前，宇宙发生爆炸，尘云和气体形成了太阳以及星球。科学家认为，太阳的外层空间还残留着46亿年前的物质，并不断地爆发到空间，形成太阳系里的太阳风。对这些物质的研究能够帮助人类认识太阳系的起源和形成，并解释人们观察到的星球构成的区别。当然，最重要的是，它可以帮助我们了解太阳上所进行的有关化学反应。

过去，人们对太阳的了解都来源于太阳望远镜的观察，虽然也有几个探测器飞近太阳，对它在近处展开研究，但是，它们的研究都是在太空中进行，需要用到一些自动的检测设备，“起源号”的使命却与它们有着根本的区别，它要把太阳粒子带回地球，这就大大增加了它的难度，因为此前还没有哪一个探测器能做到这一点。

“起源号”的着陆

2004年4月1日，“起源号”完成了基本任务后开始起程回家。返回舱在9月8日按预定计划返回地球，并准备落向美国犹他州的预定地点，NASA为它设计了精巧的着陆方式。

当它进入到地球大气层之后，它的两个降落伞会相继打开，它的速度依然很快，按照NASA的构想，在它的降落伞打开之后，进一步减小它的速度，然后让直升机驾驶员去进行拦截。特技飞行员使用的直升机下端安装了一个约6米长的吊杆，吊杆的最下端是一个巨大的铁钩，而吊杆的另一端则是直升机中的一个大型缆绳绞盘。当直升机飞到带着降落伞的返回舱附近时，铁钩将迅速而牢固地钩住降落伞及其绳索，然后连接在铁钩吊杆上的缆绳绞盘将快速

转动，让绳子随着太空舱的下降而被拉出，起到减速作用。最后直升机将带着返回舱以最慢的速度抵达地面。

最初NASA要普通飞行员去执行这个计划的时候，飞行员认为，这种史无前例的方案有点像是演科幻电影，他们拒绝执行这一方案，但是他们的说法，却给NASA一种很好的启示，NASA最后真的找了电影特技演员来执行这一计划。2004年8月8日，飞行员早早地飞到预定空域待命，但是，“起源号”的降落伞却没有打开，这使它急速地冲向地面，飞行员根本就没法靠近它，当地时间上午10时15分，“起源号”坠落在沙漠中，重重地砸入了土地里。

8月8日，这个时刻对“起源号”来说，是个特别的日子，这一天距离他起程正好是三周年，三年之后的这一天它本该胜利归来，可是这一天却出现了悲伤的一个结局。

“起源号”的归宿

“起源号”太空舱失控后，在空中以约每小时320千米的速度翻滚而下，一半撞入地面，并像蚌壳一样裂开，使舱里保存的太阳风粒子面临受到污染的危险。对于它的失败，专家们进行了初步分析发现，由于电池失效，用来启动返回舱降落伞的炸药没有按正常程序起爆。这个返回舱是美国洛克希德－马丁公司设计制造的。该公司的一名工程师认为，2001年返回舱发射升空后不久就发现有一块电池过热，这也可能是此次事故发生的原因。

“起源号”的外层虽然破裂了，但是这个太空舱里还有一个内层罐，遗憾的是，内层罐也裂了一条缝，但是这也并不能下定论说它彻底失败，因为罐里有5个厚度不同的电磁盘，上面保存着“起源号”飞船收集的太阳风粒子。这个内层罐被飞机送到了附近陆军机场的密室，科学家们就在那里进行磁盘的抢救工作。

此后，美宇航局专门成立了16人事故调查小组，会集了降落伞设备、火药、计算机软件、航空电子设备和空气动力学等方面的专家。有技术人员推测，太空舱的电子控制系统或传感器可能出了问题，所以没能引爆用于启动打开降落伞的炸药。最让人担心的还是它所带来的太阳风物质是否受到污染，对搜集到的标本进行检查后认为，太阳风粒子样品基本保存完好。“起源号”着陆失败，并不等于说这个计划打了水漂，它带回的太阳风物质还是帮助科学家加深了对太阳系的认识。

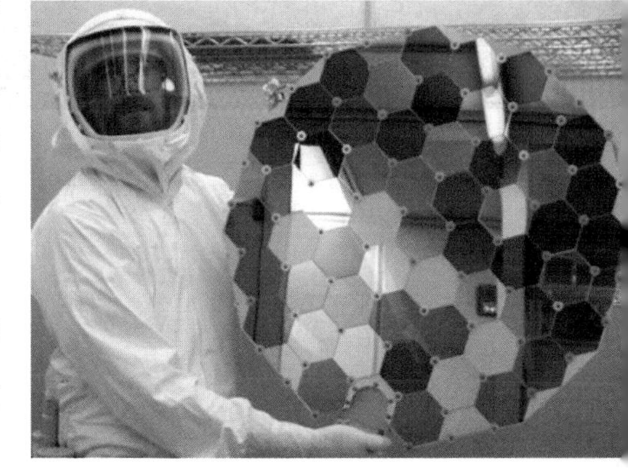

有去有回的星尘探测器

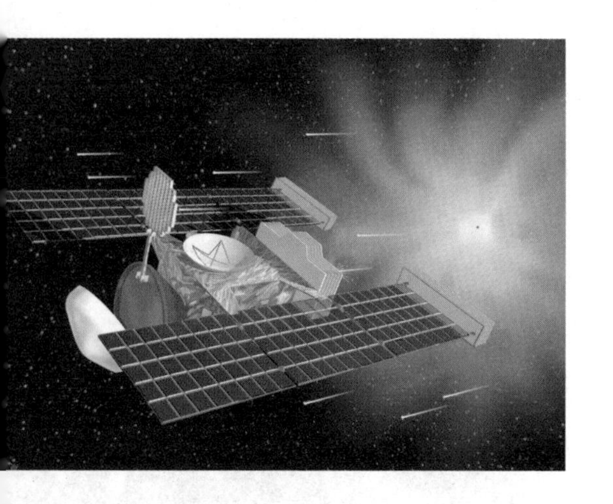

彗星研究成为热点

航天技术的发展史，仅仅有四十多年，在为数不多的一些探测活动中，探测太阳系的大行星似乎成了一种竞赛，向大行星发射探测器，也仅仅是20世纪六七十年代的事情，进入20世纪80年代，由于哈雷彗星的回归，人们忽然对彗星产生了兴趣，这种探测彗星的兴趣直到今天还在影响着众多的太空探索计划，不仅是美国，还有欧洲，都发射了多个彗星探测器。

之所以对彗星感兴趣，是因为科学家意识到，要想了解我们的太阳系，仅仅从大行星的探测入手远远不够，大行星经过了几十亿年的演化，原来的物质早就被改变了。而彗星不同，它们虽然与太阳系一起形成，但是它们却在极为遥远的太阳系边缘，也就是在奥尔特云里面。在太阳和大行星引力的扰动下，个别彗星会脱离奥尔特云，进入内太阳系，也只有这个时候，它才能被我们发现。

正因为彗星在太阳系的边缘，所以彗星是太阳系最古老、最原始的物体，它们较为完好地保存了太阳系形成的早期物质，从彗星上，可以更加容易地研究太阳系的早期历史，这也就是彗星成为太空探索重点的原因。

美国科学家把探索彗星的目光停留在怀尔德2号彗星上面，这颗彗星是瑞士天文学家保罗·怀尔德1978年首次发现的。其他彗星不知道回归了多少次，早就遭受了太阳的严重污染，但是，这颗彗星不同，它仅仅回归了5次，所以它上面的物质保持良好，也就成为新的彗星探测的目标。

过去，有关彗星探测器的使命一般都很简单，只是飞到彗星附近拍几张照片。这是远远不够的，科学家希望能够从彗星那里带回来一些物质，让科学家在地球上好好地研究它们。星尘号就肩负起这样的使命，它要飞到怀尔德2号彗星那里，并取回怀尔德2号上的物质。

星尘号与怀尔德2号擦肩而过

星尘探测项目的提出者是华裔科学家周哲，1981年，他首次提出了这个设想，当时NASA没有批准，最后批准这个项目的原因，就是因为哈雷彗星的回归，这颗76年才回归一次的彗星逐渐地吸引了人们的注意力。1986年，哈雷彗星正好回归，也就是这一年，经历了12次的失败之后，周哲的第13次提议终于被批准了。

批准这个项目还有另一个原因，因为它的耗资很小，除去发射火箭的费用，这个探测器的项目总投资约1.68亿美元，其中约1.28亿美元用于星尘号飞船的研发。这样低廉的太空探测项目是没有先例的，即使是发射一个火星探测器也比这个成本高得多，而且它还是一个有去有回的探测器，它可以把彗星物质带回地球，这不能不让NASA动心。

1999年2月7日，一枚德尔塔Ⅱ型火箭从卡纳维拉尔角的肯尼迪航天中心发射升空，火箭上搭载的就是星尘号飞船，那时候，它是一个不受人关注的寂寞旅行者，当它旅行的时间快到5年的时候，在2003年年末，它接近了目标彗星，这时候，它也就成为一个太空明星，人们都在关注着它如何取样。

在取样之前，它要对这颗彗星进行一番探测。星尘号发现，怀尔德2号彗星上面有各种各样的地形，既有面积不小的平地山地，还有大大小小的陨石坑，还有高耸的山峰和底部平坦的峡谷，这表明，彗星的表面原来也是十分复杂的。当然，星尘号也在此次探测过程中，证明了彗星是岩石和水冰混合物的理论。星尘号还发现，怀尔德2号彗星的爆发非常猛烈而频繁，在彼此接触的几十分钟内，星尘号就观察到20多次喷发，也正是这样的喷发，给星尘号的取样带来了方便。

2004年，在新年的第二天，它开始了取样工作。取样的过程十分简单，它不是想象的那样降落到彗星上，那样的工作实在是太复杂，对于一个仅仅花费2亿美元的探测器，不能提出这么复杂的要求，它的任务仅仅是与彗星擦身而过，从彗星的彗尾中获得一些彗星喷发的物质。当时，它们彼此的速度都很快，相对时速为21960千米每小时，这个速度是经过科学家的综合考虑决定的。在它们相对飞行的时刻，它的通信系统一直没有中断与地面的联系，这个时候，科学家十分担心的是，彗星上是否会有其他喷发的物质撞击到飞船。幸运的是，这样的事情并没有发生，在长达几个小时的穿越过程中，它没有受到任何损害，1月2日这天，在离地球约3.9亿千米的地方，星尘号顺利地完成了取样过程。

星尘号携带着世界上最轻的物质

帮助星尘号顺利完成这个取样过程的其实是一种新材料的发明，这种新材料叫做气凝胶。

在自然界中，最轻的物质是氢气，要说到最轻的固体物质，自然界中没有，但是，科学家却制造出来一种叫做气凝胶的物质，它就是目前世界上最轻的固体物质。它的质量只是同体积玻璃的千分之一，之所以要跟玻璃相比，是因为它的主要成分跟玻璃一样，也是二氧化硅。气凝胶的性质跟玻璃也有相似之处，它是透明的，具有很好的折射率，看上去又有点像烟雾，跟烟雾不同的是，它是固体，所以又被称为冻结的烟。

这种冻结的烟看上去脆弱不堪，但它却是不折不扣的大力士，具有极强的抗压能力，可以支撑起比自身质量大4000倍的物体。此外，气凝胶还具有隔热能力，这真是让人意想不到的新型奇妙物质。

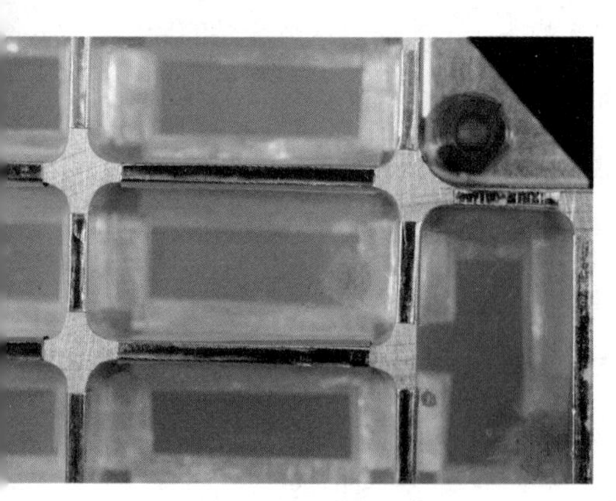

星尘号带回来的气凝胶

其实，在1932年气凝胶就诞生了，但是它一直没有太大的作用，人们也想不到它有什么作用，当周哲知道这些事情之后，他意识到，这是航天领域不可多得的好东西，他想用这种东西帮助宇宙探测器取回彗星上的物质。但普通的气凝胶还不具有这种能力，他们开发出来一种新型的气凝胶，由99.8%的空气和0.2%的硅组成，在制作的过程中，通过加热和降压，形成了一种多孔的气凝胶，也正是因为它上面的孔洞，可以帮助飞船捕获彗星飞溅出来的物质。

星尘号在飞近彗星的时候，它的内部伸出来一个球拍，这个球拍具有很多的网格，气凝胶就在那些网格上，它在随着飞船向前挺进的时候，彗星尘埃就会黏附在那些网格上的气凝胶上面，在进入气凝胶内部的时候，还会在气凝胶上留下穿越的痕迹，最后停留在孔洞中。

这个球拍其实是两部分，它可以像河蚌那样合拢起来，飞船继续前进，过了彗星尾巴之后，彗星尘埃就少了，球拍就会收起来，然后收缩到飞船里面。在短短的十几分钟时间内，收集彗星样本的工作就这样完成了。可以说，正是气凝胶这种奇异的物质促成了星尘号收集彗尾物质的使命。

星尘号带着战利品凯旋

完成这样的使命对于星尘号来说，实在不是一个难题，难的是它要把这些彗星物质送回地球。此前，只有阿波罗飞船把月球岩石带回过地球，但那是在宇航员参与的前提下完成的，之后，还有起源号探测器把太阳粒子带回地球，但起源号的返回最后落了个悲惨的结局，因为降落伞没能及时打开，它最后摔落到沙漠里。此次，星尘号的降落地点也是沙漠中，这自然让人对它的回归格外关心。

完成收集样本的工作的时候，它在距离地球接近四亿千米的地方，这个时候，位于美国的喷气推进实验室对它下达了返航的指令。飞船按照设计好的航线返回地球，与此同时，它的雷达也调整好方向，向着地球继续传送数据，让科学家清楚地知道它的状态。

2006年1月15日，在飞行了46亿千米之后，星尘号就要落到地球上了，这个时刻距离它完成收集样本已有两年时间，而距离它起飞的时间则将近七年。北京时间13时56分，已经进入自动控制状态的飞船开始与返回舱分离，分离之后，飞船将会继续飞行，点燃引擎之后进入到环绕太阳运行的轨道。

飞船并不是受人关注的主角，受人关注的主角是返回舱。17时58分，在距离地球表面125千米的地方，在美国加利福尼亚州上空，返回舱进入了地球大气层。这个时刻，它的速度是46660千米每小时，比射出的子弹速度还快。接着它的降落伞打开，这是引导伞，它把主降落伞引导打开之后，速度越来越慢，这个时候一切都安全了。在经历了13分钟的下落之后，星尘号返回舱降落到美国犹他州的沙漠中，与此同时，科学家的直升机一个个向着它着陆的地方飞去。

返回的太空舱其实就是一个气囊，这个气囊也具有良好的保护作用，它使返回舱不至于摔毁。看着红色的气囊，最激动的莫过于周哲，他说："为了这一刻，我等了25年。"

不仅是他在等待，人类都在等待。自从人类仰望星空，彗星那独特的尾巴就吸引了无数人的注意，在没有科学的时代，人们总是认为这跟人间的灾难有关，进入到科学时代，人们又广泛地认为，是彗星给年轻的地球带来了生命的种子，是它把有机物撒播到地球上，才让地球上出现了今日万物竞争的局面。今天，人们终于把彗星上的物质带回了地球，可以好好地研究一番，这不仅是科学家的骄傲，也是全人类的骄傲。

星尘号分发战利品

作为第一个安全返回地球的外星探测器，星尘号是引人注目的，但是，更引人注目的是它那种获取外星物质的方式。

获取外星物质，一直被当作是太空探索中的难题，只是到最近几年，这种技术才有所发展，像星尘号这样使用气凝胶收集彗星尘埃，还是第一次。这必然存在着很多的缺陷，首先，这样只是跟彗星打一个照面，收集彗尾中的物质行为太简单了，不具有太多的技术含量。

另外，在太空中，物质含量极其稀薄，星尘号是在距离怀尔德2号彗星240千米的地方擦肩而过，在那样的位置，它很难收集到足够的样本，而且，它收集到的样本颗粒是从彗星上喷发出来的，已经不属于彗星了，它已经被太空中的其他灰尘污染了。在星尘号的行程中，它还捕获了来自太阳的粒子，还有来自宇宙深处恒星爆发的粒子，这些粒子充斥在宇宙空间，星尘号会把它们全部不加区分地捕获，这样就造成了一个难题；它们都是微观基本粒子，有什么办法把它们区分出来呢？即使能够区别开来，要知道，它所收集

坦普尔一号彗星

到的粒子可能会有几百万个，要想研究它们也是很困难的。

也许正是这个问题实在是太复杂了，所以，这个计划的主持者决定，征集一批志愿者来研究这些彗星颗粒，为此，他们设立了一个网站，将所有的尘埃图片公布出来，只要志愿者接受训练后，下载一个虚拟显微镜，就可以在网上帮助他们筛选哪些是彗星物质，哪些是星际尘埃。这个课题组把有关的研究工作交给了千千万万的志愿者，这样可以大大缩短研究时间，七八个月之后，人们就可以把所有的物质颗粒区分开来，然后，再把彗星颗粒交给全世界各个研究机构，共同来探索彗星的奥秘，共同来探索太阳系起源的奥秘。

星尘号把彗星颗粒送回了地球，但是它本身宝刀不老，还要继续向前，深入宇宙。2011年的情人节，它在很近的位置会见了坦普尔一号彗星。这个看似浪漫的故事却孕育着无穷的酸楚，会见之后，星尘号已经没有能量改变自己的航向。它终于完成了自己最后的使命，将在永远的航行中度过自己的余生。

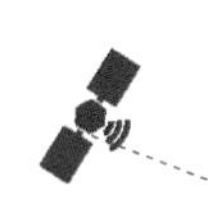

隼鸟探测器
——摇摇晃晃的不死鸟

隼鸟起程探糸川

2003年5月9日，在日本九州鹿尔岛航天中心，一枚固体燃料火箭起飞了，它把一个质量达到450千克的探测器送上太空，这个探测器名字叫做“隼鸟”，它是一个技术上十分先进的探测器。首先，隼鸟装备了粒子火箭引擎，它所携带的太阳能光板可以把收集到的太阳能转化成电能，这些电能可以电离氙原子，并把它们转化成氙粒子，然后经过引擎高速喷出，由此产生向前的推力，此前，欧空局飞往月球的智慧一号就是采用了这种动力系统。

其次，它还携带着较为高明的导航设备，当它到达目标的时候，它要使用多种设备来为复杂的行为导航，这些设备包括激光测距仪、电子照相机还有近红外光谱仪等，它们合在一起组成了隼鸟的导航系统。另外，来自地面上射电望远镜所取得的数据也能够给它的导航提供参考。这使隼鸟可以在没有地面小组指令的情况下，精确地靠近目标。

隼鸟要探测的目标是一颗叫做“糸川”的小行星，糸川小行星是1989年9月被发现的，编号为25143号，是阿波罗小行星家族中的一员。它距离地球轨道最近的时候，只有8000千米，这使它成为一颗对地球存在着威胁的小行星。但它并非一直是近地小行星，一般认为，它原来在太阳系的边缘，在几百万年前，木星和土星的引力作用可能将糸川拖到了小行星带。它的体积并不大，如果按照三轴来说，它的三个直径分别是609米 ×287米 ×264米。相比于其他同体积的小行星来说，它的亮度明显高了很多。

糸川小行星样子像是个土豆，这个样子跟爱神小行星的样子几乎一致，美国人用“NEAR－苏梅克”探测了爱神小行星，日本人就要用隼鸟探测糸川，从技术上来说，它比当年探测爱神小行星的NEAR－苏梅克探测器要先进许多。

雄心勃勃的隼鸟

既然装备了比较先进的设备，它所承担的任务也是十分困难的，迄今为止，还没有任何一个探测器承担着比它更复杂的任务。

2005年9月中旬，它行驶到距离糸川只有20千米的地方，这是一个相对安全的地方，它将在这个位置停下来，悬停在糸川的身边，看着这颗12个小时运行一周的小行星。随着时间的推进，在十月之前，它进一步下降到距离糸川只有8千米的地方。

这种悬停的动作是十分困难的，小行星虽然小，但也存在着微引力，稍有不慎，它们就有可能相撞。隼鸟这样悬停在糸川的附近

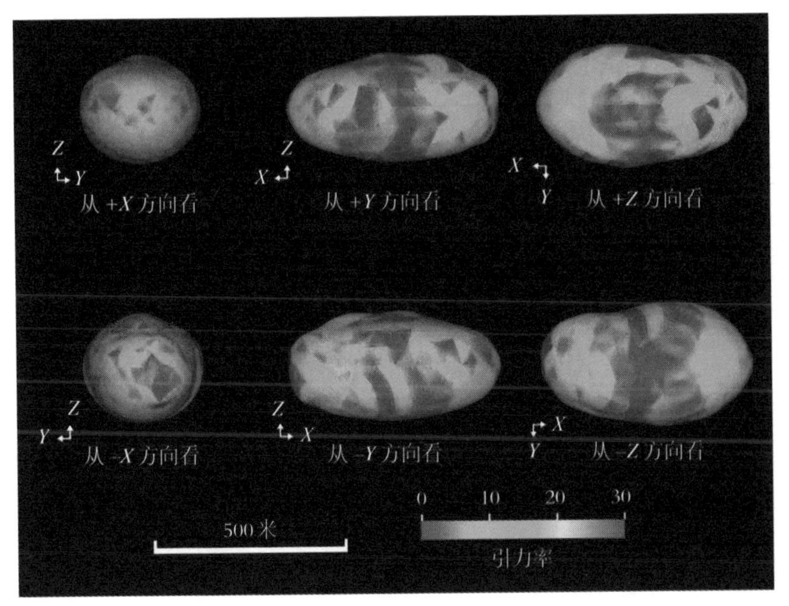

糸川小行星

很像是一个大鸟，它的名字很形象地说明了它的使命，这个探测器的日文意思是游隼，它要寻找机会到糸川上摄取一点物质。为了完成这个前无古人的取样任务，隼鸟共有两次接近小行星的机会，一次不成，它还可以有另一次机会来弥补这个行为。

除此之外，隼鸟还有第三次接近小行星的机会，这一次的使命也同样复杂，它要把一个小型探测器投放到糸川小行星上面。这个小型探测器还不到一千克，但是，它却携带着三架照相机，可以拍摄立体图像。此外，探测器还携带着温度计，帮助科学家确定糸川表面的温度，当然，它得到的资料可以通过隼鸟转发给地球上的控制人员。这个探测器呈柱子状，当它被投放到糸川表面的时候，需要十分小心，如果投放不够准确的话，这个探测器将会飞到空中，也许永远都回不到小行星上面。

获取样本和放置探测器还不是它雄心勃勃计划的全部，隼鸟最具雄心的行为，是它还需要把摄取到的小行星样本物质带回地球，这也是前无古人的行为，在此之前，美国的阿波罗载人飞船完成了这样的任务，但那是在有宇航员的前提下完成的。

隼鸟的一系列高难度的行为使它成为执行任务最为复杂的探测器，这也显示了它的勃勃雄心。

独特的猎取行动

要想摄取外星物质，对所有的探测器来说，都是一个难题，迄今为止，人类已经发射了几十艘探测器，它们都不能肩负这样的使命。隼鸟既然要完成这样的使命，当然就有一种独特的功夫，它携带着一杆枪，它要用这杆枪来完成狩猎行为。

它在小行星上空观察糸川的时候，其实是一种寻找机会的过程，它会看准机会下降到糸川小行星的表面，但这只是短短的一瞬间，在这一瞬间，它要射出一枚子弹，这枚子弹其实就是一个金属圆球，它将会以极高的速度射进小行星的表面，这个时候，会有碎块和灰尘飞溅起来。这杆枪的枪管开口很大，越往根部就越短小，这种喇叭形的枪口会不失时机地完成一个吸气动作，把那些飞溅起来的碎块收集到枪口中，然后保存起来。

这种技术已经研究了多年，原来是为了探测月球准备的，但是，日本的月球探测器因为多种原因，一直没能够上天，它也就没有得到实际应用，经过改造，它被应用于隼鸟号小行星探测器上。这是一种非常独特的技术，迄今为止，还从来没有探测器采用过。美国也让探测器带回过探测目标的样品，比如起源号和星尘号，它们猎取物质的方式极为简单，只是从目标身边飞过，收集空间中的粒子，不能够直接从探测目标上面取得物质。欧空局也派出探测彗星的探测器，但是这个探测器也只是在彗星上直接取样研究彗星的成分，然后把有关数据发回到地球，而不能从探测目标上猎取物质。它们所执行的使命都没有隼鸟这么复杂。

也正是因为日本创造了这样的猎取技术，才能让隼鸟从小行星上去猎取物质。可以说，它射出子弹的那个时刻，是隼鸟使命最辉煌的时刻。

伤痕累累的隼鸟

航天技术是一种非常复杂的系统工程，任何环节出现故障，都可能导致全面的失败，一个系统越复杂，也就越容易出故障，隼鸟要执行的任务是如此复杂，这也注定了它难以完成任务。

事实就是这样，2005年5月它发现糸川并向目标靠拢之后，麻烦就不断地出现。到了7月，它的一个反作用轮因为超出了使用极限而失去作用，反作用轮是控制飞船航向的，隼鸟共有三个这样的反作用轮，有一个失去了作用，这个问题并不重要，隼鸟所带的软件可以允许它只使用两个轮子，但是，10月上旬，又一个反作用轮

隼鸟探测器

不能工作了，这样它就只有一个反作用轮可以使用了。

其实在它发现糸川之前，还出现了一些其他毛病。在2003年的时候，由于一场太阳风暴，隼鸟的太阳能电池板受到了损害，而粒子火箭推进系统又恰恰需要使用太阳能来发电，所以，当它刚发现糸川之后，粒子推进系统不能立刻使用，导致它的行程推迟了两个月。

这些故障导致它执行使命的时候必然是稀里糊涂的过程，它向小行星投放智慧女神探测器的过程就是这样。

11月12日下午3时8分，地面指挥人员向隼鸟号下达了投放探测器的指令，这个信号经过16分钟传递到探测器之后，智慧女神并没有在糸川小行星上着陆。事后查出的原因表明，在隼鸟距离糸川只有55米距离的合适位置，它并没有投放探测器，而是在重新飞到200米的高度的时候，才投放探测器。当晚，隼鸟携带的照相机拍摄的照片表明，这个探测器飞上了天空，没能落到糸川上面，至于它今后是否能在糸川微弱的引力影响下，落到糸川表面，还是个未知数。

不仅投放探测器这个行为稀里糊涂，接下来，隼鸟的一系列行为都是稀里糊涂的。

11月20日凌晨，隼鸟号按照地面遥控指令下落，按照计划，它要在地面停留30分钟，在这30分钟内，它要射出一枚子弹，在糸川上面打一个洞，还要把糸川表面激起来的灰尘收集起来，然后再升到空中。但是，由于感知着陆的设备没有能够发挥作用，它没有能够射出那枚子弹，也就没有能够收集到糸川表面的碎块和灰尘。接着它又犯了糊涂，它在短短的时间内，上升到很高的高空。这表明，它的姿态控制出了严重问题，与此同时，它也处于失踪状态，地面人员无法与它取得联系。

第一次取样失败没关系，因为它还有另一次着陆机会，3个小时之后，通信系统开始好转，21日，它的姿态控制系统也恢复了正常，它准备第二次完成失败的取样工作。一切准备就绪之后，11月26日，它再一次接近糸川，并且成功地在糸川上面停留了几秒钟，于是，日本科学家对外界宣布，隼鸟已经射出子弹，并取得了糸川的样本。

隼鸟糊涂的命运

隼鸟完成了一个创造性的取样过程，不仅是日本的科学家，就连日本的大大小小的媒体，也以空前高涨的热情在报道“隼鸟”的壮举。

但是，他们高兴得太早了，由于着陆之后，隼鸟的通信功能不好，没有及时传回有关的数据。12月5日，等到通信功能恢复正常，科学家才发现，隼鸟虽然着陆了，但是却没有迹象表明，隼鸟曾经射出了那枚子弹，因为没有相应的点火数据。有关隼鸟获得了糸

川样本的说法只是一场空欢喜。但对这个问题人们还不是太绝望，日本科学家同时还安慰热情的人们说；即使是没有发射子弹，隼鸟也不会空手而归，它在着陆的时候激起的灰尘将会进入到枪管里面，所以它还是可以带一点灰尘回来的。

但是这个想法最后也落了空，伤痕累累的隼鸟已经不可能回到地球了，不仅燃料泄漏使它没有足够的能量，而且，方向控制系统的毛病也使它难以掉转回家的方向。

隼鸟的失败并非偶然，那几年日本发射了很多航天器，它们的命运都是十分可悲的，日本的航天技术总是愿望很高，能力很小，他们实在不该让隼鸟号肩负那么多复杂的使命。面对这个无法驾驭的探测器，日本的科学家也像是隼鸟那样稀里糊涂，不知道隼鸟究竟在太空中做了什么。

死而复生的隼鸟和隼鸟2号的诞生

隼鸟号小行星探测器忽儿死了，忽儿活了，事故不断，至此，人们对它的回归已经彻底失望了。但是，最终它却又活了，日本研究人员经过艰苦搜索，终于重新取得了对隼鸟号的控制。2007年4月，隼鸟号踏上了回家的旅途，距离地球两万千米的时候，太空舱与飞船脱离，2010年6月13日夜里，隼鸟号的太空舱回来了，它开始进入地球大气层，随着耀眼的光芒降落到澳大利亚西北部。它本来该在2007年6月回到地球，而这已经比预期晚了整整三年。

研究人员打开太空舱寻找小行星物质，他们利用分辨率为0.01

毫米左右的光学显微镜进行分析，分析认为那是地球尘埃和铝粉，是降落过程中进入的。随后，研究人员又使用特殊刮刀，将微粒集中在一起，利用电子显微镜确认微粒的形状和成分，结果发现一些直径约0.001毫米的微粒，它们明显不属于地球物质。这就是隼鸟交上来的答卷，它带来了小行星糸川上的物质。

隼鸟探测器

隼鸟成功了，在宇宙中旅行了七年，穿越了约60亿千米的路程。在它不断受伤，不断受挫的日子里，吸引了无数人的关注。最终它带着满身的伤痕，摇摇晃晃地回到了地球，而且不辱使命，确实带回了小行星上的物质，它也迎来了不死鸟的美名。

现在它已经真正成为不死鸟，鉴于它的成功，日本又制定了隼鸟2号探测计划，隼鸟2号探测器已经在2014年12月发射升空，对一颗名为1999 JU3的小行星进行着陆采集样本。着陆时间大概在2018年中旬，并于2020年返回地球。2015年3月初，它已经进入巡航状态。人们预祝它不要像它的哥哥那样命运多劫，希望它一路顺风地归来。

06

人间大炮打彗星

深度撞击计划的来源

地球上的生命起源于30亿年前，那时候，地球刚刚诞生不久，雷电的轰击使地球上产生了有机分子，后来这些分子逐渐演化成简单的生命，生命就是这样起源的，这个说法一直占据了人们的头脑。但是，随着越来越多的发现，科学家开始放弃了这种说法，他们开始认为，地球上的生命也可能来源于宇宙，因为彗星上也有一些有机分子，有可能是彗星撞击了地球，把生命的种子撒播到年轻的地球上。

既然彗星能够给地球带来生命的种子，科学家就十分迫切地想了解彗星，他们准备发射一个探测器前去拜访一颗彗星。这个探测器的任务一定要有特色，经过再三考虑，这个探测方案就演化成了深度撞击计划。

射向彗星的炮弹

深度撞击就是要发射一个探测器，让它接近一颗彗星之后，再释放出来一个物体，就像是一颗炮弹一样，去撞击彗星，看看彗星的具体物质是什么。战争中，打击敌人的炮弹是用铜制作的，射向彗星的炮弹跟它们一样，也是用铜制作的，它的质量达到372千克，这些质量还包括8千克燃料，这些燃料将会帮助炮弹多次修正方向，准确地撞击在彗星上。除此之外，炮弹上还携带着摄像头，可以把撞击的整个过程拍摄下来。

2005年1月12日，这个名为深度撞击的飞船从美国卡拉维尔角航天发射场发射升空，经过六个月的航行，它靠近了坦普尔一号彗

星。7月3日13点52分，按照地面控制中心的指令，炮弹出膛，它向着彗星飞去，在这个飞行的过程中，控制中心要不断地给炮弹发出指令，帮助它修正方向。与此同时，炮弹上的摄像头也一直在拍摄着彗星的图片，这些图片经过深度撞击飞船转发，源源不断地送往地球，于是，有关撞击的实况就这样通过遥远的空间，传输到控制中心的大屏幕上。经过四次变轨修正方向，第二天，也是在炮弹出膛的那个时刻，13点52分，它成功地撞上了坦普尔一号彗星。这个日子十分特别，因为7月4日是美国的国庆日。

可怜的坦普尔一号彗星

用人间大炮去打彗星，这总让人感到坦普尔一号彗星实在太可怜了。坦普尔一号彗星是在1867年被发现的，绕太阳运行一圈需5.5年。人们比较熟悉它的轨道特征、自转特征等情况。它不会连续地向外喷发气体，比较容易看清楚彗核的外部特征，有利于研究彗核的内部结构。另外，它距离地球和太阳都不是很远，撞击的时候，它在距离地球1.32亿千米的地方，这个距离很适合在地球上观测。

不要担心彗星被大炮打碎，任何一颗彗星的质量都比这样一颗炮弹的质量大得多，坦普尔一号彗星的硬核直径是6千米，质量为10亿吨，炮弹打上去，就如同蚊子撞上了飞机，彗星继续沿着原有的轨道运行。撞击的瞬间，覆盖在彗核表面的细粉状碎屑以每秒5千米的速度腾起，在彗星上空形成一片云雾。这些碎屑物质比细沙还小，可能有数十万吨之多，随着彗星继续往前行进，云雾在太空中绵延数千千米。那些碎屑继续在太空中飘荡，来自太阳的带电粒子猛烈地轰击着它们，使它们发射出X射线。虽然观测设备能看到这个壮观的场景，但是我们却无缘看到这个场面。

人间大炮打彗星的目的是要探测彗星的组成物质，现在只能证明，这颗彗星上包含着冰、二氧化碳和一些简单的有机物，更多的成分还无法区分判断。十分遗憾的是，目前科学家还无法确认有关彗星被攻击过后的详细状况，只知道可怜的坦普尔一号彗星上面留下了一个大坑，目前还看不到这个大坑，他们只能初步估计这个大坑可能会有50多米深度，直径大概会有50~250米。

六年后，星尘号探测器接近了坦普尔一号彗星，它发现，坦普尔一号彗星的尘埃比预期的多，撞击形成一片大而亮的尘云，撞击坑表面看不清有多大，现场变得模糊不清，而且，这颗彗星上的冰与原来预计的相差很大，这里的冰很少。

深度撞击的意义

在科幻大片《彗星撞地球》中，那种灾难的场景让我们每个人都为之胆战，不仅如此，小行星也时刻威胁着地球的安全，所以人类必须时刻准备着，迎击来犯地球的小天体。人们曾经设想过很多的方案，但是任何一个方案都需要到太空中去执行，人们尤其需要掌握的是在太空中的精确制导技术，深度撞击就是一场预演，这个预演是成功的。等到真的有一个彗星或者小行星要撞击地球的话，铜质的大炮就会变成一枚核弹，而且它的爆炸能力将会超过任何一枚地球上曾经爆炸的核弹，它将会炸毁来犯的小天体，保卫地球的安全。

作为一次科学探索，深度撞击还有另一个意义，那就是它把枯燥无味的科学开始与普通人联系在一起。在这个计划执行之前，美国国家航空航天局就设立了网站，只要你把自己的名字输入进去，那枚铜弹就会带着你的名字飞向彗星，一共有五十多万人参加了这项活动，所以，它吸引了全世界的关注，全世界几乎所有的天文观测设备都投入这场观测中去，掀起了一次太空热。

人间大炮打彗星把科学探索变成了一场引人注目的文化活动。

07 黎明号的黑暗和黎明

呼啦圈里的黎明

1801年的第一天夜晚，意大利天文学家皮亚齐守候在望远镜前，这一晚，他发现了谷神星，谷神星是第一个被发现的太阳系小行星。在随后的几年内，又有几颗小行星被发现，在考虑如何给他们起名字的时候，科学家想到了希腊神话，所以最早发现的小行星都使用神仙的名字来命名，这样就出现了婚神星、灶神星、虹神星、大力神等。

到现在，人们已经发现的小行星总数量超过了4万。它们都位于木星和火星的轨道之间，也就是一个圆环带里，这个圆环带围绕着太阳运行，很像是太阳的呼啦圈，所以，这些神仙们也就住在这个呼啦圈里面。

但是，这是一个黑暗的呼啦圈，人们对那里的了解太少了，要想知道那里的情况，就必须派遣一个使者。于是，一个叫黎明的探测器就应运而生，它要飞到这个呼啦圈的里面，看一看这里的情况。

以前也有探测器飞进这个呼啦圈，比如，美国的NEAR－苏梅克去拜访了爱神小行星，日本的隼鸟去拜访了糸川小行星，另外还有几个飞往太阳系边缘的探测器，匆匆地从这里经过，顺道探访了一些小行星。如果说，它们对呼啦圈的探测仅仅是给这黑暗的地方带来一丝曙光的话，那么黎明探测器将会给这里带来更大的光亮，它将会给这里带来黎明。

黎明号探测器

黎明号的黑暗

过路者探测器对呼啦圈的探测是漫无边际的走马观花，但黎明探测器就不一样了，它需要居住在那个呼啦圈里面，好好地研究这里的小行星。

那么让黎明号研究哪一颗小行星呢？在琢磨这个问题的时候，科学家想到了最大的小行星，他们准备让黎明号充分地研究谷神星。谷神星的直径达到了1000千米，虽然不大，但已经是最大的小行星了。科学家认为，在这颗小行星上，可能会存在着水资源，如果那里真的存在着水，说不定那里可能会存在着低等的生命。

黎明号要探测的第二颗小行星也不是等闲之辈，它是赫赫有名的灶神星，它的直径超过555千米，论个头，它能排行老三，而且也是最明亮的一颗小行星。科学家在研究了灶神星的天文图片之后认为，这里也有可能存在着水资源。这两位神星上都有水，不仅让科学家兴奋，也让黎明号兴奋。

但是，黎明号的命运却并不是那么一帆风顺，2006年3月，因为资金紧张，黎明号探测计划被宣布终止，其实，在此之前，它的命运就多次受到考验，不仅是因为资金，也因为技术上的原因，探索小行星的黎明号陷入了前所未有的黑暗之中。

黎明号的黎明

当黎明号被宣布终止的时候，最焦急的是那些科学家，他们努力地寻找可以让黎明号继续下去的理由，最主要的是黎明号上携带的氙离子火箭，这是当前广泛使用的一种太空旅行燃料，它就相当于黎明号的心脏，心脏不好，黎明号自然不能去远行。

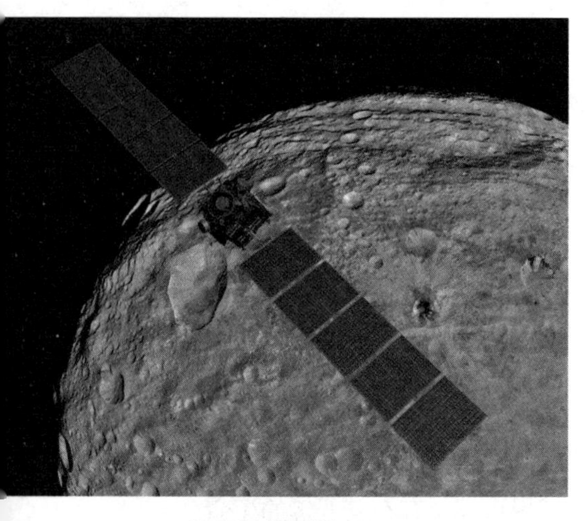

黎明号探测器

科学家经过新一轮的研究后指出，这种心脏在其他的探测器的使用中非常好，尤其是在撞击彗星的那个探测器中，已经持续工作了几千个小时，并没有发生什么故障。紧接着，他们对黎明号的心脏又进行了相关的改造，这样技术上的问题就迎刃而解了。

至于另一个问题，资金短缺，他们也重新申请了资金支持。于是，黎明号探测计划又被重新启动，它度过黑暗，又重新迎来了黎明。

给神仙写封信

按照当时的计划，黎明号将在2007年6月发射升空，上天之后，它将会缓缓地向着太阳的呼啦圈飞去，预计在2011年接近灶神星，它会给灶神星拍摄照片，还要测量灶神星上的各种情况。完成对灶神星的考察之后，它会掉转方向，朝着谷神星飞去。

黎明号要考察的两颗小行星都不是等闲之辈，都是大块头，它们都是神仙，在人们的传统观念中，谷神是主管农业的神仙，它可以保佑农业风调雨顺，灶神也就是管生火做饭的灶王爷，过年的时候，做好的饭要先给灶王爷吃，自己才能吃。我们缺乏跟神仙交流的机会，NASA 很会发动民众，给人们准备了一个机会。

只要你登录到 NASA 的相关网站，在黎明探测器的网页上输入自己的名字，把你对神仙的问候写到里面，那么这些内容就会被输送到一个芯片里面，这个芯片被安装在黎明号上面，它会带着这个芯片，也就是带着你的这封信飞往神仙们居住的呼

谷神星

啦圈，代表你去问候那里的神仙。

2015年3月，黎明号正式进入谷神星的轨道，在过去的7年半的航行中，它飞行总距离达到49亿千米。初入谷神星轨道的黎明号15天完成一圈公转，然后进一步调整轨道，降低高度，为接下来的深度观测做好准备。

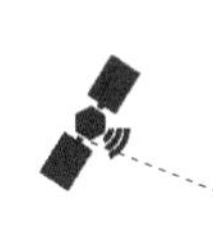

非凡的卡西尼土星探测器

非凡的身价和非凡的任务

1997年10月15日，卡西尼探测器从卡纳维拉尔角发射升空，它被投入黑暗的太空里，这个飞行器开始了其在宇宙中的漫漫旅行。它的目的地是土星，那是太阳系中除了地球以外唯一的一颗被以氮气为主的大气保护着的星球。

为了节省能量，它与当年的伽利略探测器一样，都使用了行星借力式轨道。1998年4月26日，它从金星上空经过，当年12月，进行了一次深空调整。1999年6月再次从金星身边经过，1999年从地球身边经过，经过三次行星借力，它的速度达到了每秒20千米，并再次调整方向，默默地向着木星飞去。2000年12月30日，它从木星上空约980万千米的地方飞过，并借着木星的引力经过另一次调整，然后向着土星飞去。

卡西尼计划由17个国家合作进行，参与者有美国国家航空航天局、欧洲航天局、意大利航天局等机构，总共有4300多名科学

家参与了它的设计工作。为此卡西尼号任务花费了33亿美元，是勇气号和机遇号火星车任务费用之和的4倍多。它有一辆客车大小，而火星车却只有一辆高尔夫球车那么大。而且，当卡西尼号开始其长途旅行时，这些火星车还只存在于美国国家航空航天局科学家的想象之中。这么大的个头就需要很大功率的火箭才能把它送入太空，承担这项任务的是泰坦4B/半人马火箭。卡西尼搭载的物品包括12种先进的科学仪器，32.7千克提供动力用的钚，以及另一个探测器。

非凡的个头和非凡的身价注定它要担当非凡的任务，20多年前访问过土星的先驱者11号和旅行者1号以及旅行者2号探测器都只是擦着土星的边缘掠过。而卡西尼将在各个不同的角度研究这颗星球。它将使用12种适应土星环境的仪器，利用它们拍摄土星及它狂暴的大气照片，绘制其冰封的卫星表面地图，研究土星光环的组成和旋转以了解奇怪的“轮辐”是如何产生和消失的，测量土星磁场的强度以更多了解它内部的金属态液氢。卡西尼还将把欧洲航天局研制的惠更斯号探测器释放到土星最大的卫星泰坦上。

土星北极地区的巨大风暴系统

沉睡中醒来的卡西尼

在卡西尼飞往土星的这段时间里，美国国家航空航天局发射了国际太空站、火星环绕飞行器和登陆器，还有大获成功的勇气号和机遇号火星车，布什还公布了载人重返月球计划。与此同时，这个被人们遗忘的飞行器继续着它在太阳系中的旅行，除了少数科学家和太空爱好者以外，它很快就被人们遗忘了。

当卡西尼探测器到达木星的时候，它给我们带来了关于木星的新信息。经过木星之后，它该关闭的探测系统都被关闭了，它又开始沉寂了。从2004年4月开始，这个被人们遗忘的探测器又开始重出江湖，它对土星一系列的新发现把人们的注意力从火星上吸引过来。

2004年4月中旬，卡西尼首次拍摄到了土卫六的照片，那就是它的最重要的目标，科学家开始对这颗神秘的卫星有了新的认识。2004年6月11日，卡西尼掠过土卫九，部分揭开了这颗卫星的神秘面纱。飞船上诸多仪器的观测结果显示，土卫九可能是一个拥有40多亿年历史、产生于太阳系外围的原始天体。美国科学家认为，土卫九很可能是由冰、岩石和含碳化合物等组成的混合体，构成这颗卫星的物质在很多方面与冥王星以及海王星的卫星海卫一类似，属于“柯伊伯”天体。

2004年6月30日，根据卡西尼提供的资料，科学家们最新测出的土星自转周期为10小时45分45秒，误差不超过36秒。这与1980

年和1981年美国“旅行者”1号和2号飞船测得的结果相比，大约长了6分钟。此外它还观测到土星最小的卫星土卫十五，这些也仅仅是它到达土星轨道之前的初步成就。

聚焦泰坦星

经过六年半时间的航行，它的行程达到35.2亿千米，按照原定计划，2004年7月1日它进入最关键的时刻，这时候，地面控制人员启动了主发动机以降低卡西尼的速度，经过96分钟的工作，变轨成功，它开始进入了土星轨道，这是土星的第一个人造卫星。从此之后，它开始大显身手，正式开始了对土星的探测工作。

它的最主要的目标是要研究土星的卫星土卫六，它也是太阳系最大的卫星之一，名字叫做泰坦，科学家认为，它的表面有生命存在的条件，所以卡西尼要把它作为探测的重点。为了探测它，科学家把卡西尼设计成环绕土星运行的轨道器，也就是土星的一颗人造

卫星，卡西尼还携带着一个名字叫做惠更斯的探测器。

2004年12月25日，欧洲人正在过着它们的圣诞节，也就是这一天，惠更斯探测器从卡西尼探测器上分离出来，踏上了奔赴泰坦星的征程。2005年1月15日，惠更斯探测器在泰坦星上着陆，在两个多小时的着陆过程中，它拍摄了600多张照片，这些照片需要通过运行在土星周围的卡西尼探测器发回地球，虽然卡西尼探测器忠实地执行了自己的使命，担当起二传手的角色，但是，惠更斯的工作却并不完美，它只是把其中一半的照片发给了卡西尼探测器。

惠更斯没能够给我们带来有价值的信息，相反，它的母飞船卡西尼探测器，却给我们带来了更多有关泰坦星的信息，它多次飞跃泰坦星，如果说惠更斯带来的只是一个点的认识的话，那么卡西尼带给我们的就是面的认识。

土卫六的南半球被多种物质所覆盖，北半球有一圆形物，人们推测那是一个火山口。土卫六上还存在一些模糊的直线和曲线状物，这些线条可能是山脉或河流，表示土卫六上有可能正在进行与地球上相似的地质活动。科学家从照片上还看到土卫六的南半球有大块浓云，认为含有甲烷。他们还发现，由于受到土星引力场的吸引，土卫六的大气顶层正经受物质流失。

卡西尼的十年成绩单

卡西尼探测器最大的贡献是在土卫二这颗星球上，最早发现这颗星球上出现了羽状物大喷泉，那是有水的标志，后来又确认土卫

二南极地底存在液态水海洋，土卫二成为太阳系有可能存在生物的星球之一。2008年3月12日，卡西尼号仅仅以50千米的距离飞掠土卫二，发现羽状物中含有更多的化学物质，包括复杂的碳氢化合物，这项发现提高了土卫二存在生命的可能性。

除了有关土卫二的新认识之外，卡西尼还因为距离较近的缘故，发现了土星的多颗卫星，2004年，科学家借由卡西尼号所拍摄的照片发现三颗新卫星，2005年5月1日，在基勒环缝发现一颗新卫星，之后分别在2007年发现一颗，2009年发现两颗，到最近的时间2014年4月14日，卡西尼发现了第八颗新卫星。

卡西尼探测器既然是探测土星的，在土星探测方面也有一些成果，它研究了这颗行星的磁场，还有环绕着土星的环缝，以及那神秘莫测的六边形风暴。盘点这十年来卡西尼的贡献，可以发现，它确实成绩非凡，它打着探测土星的招牌，却屡屡在其他方面有重大发现。

2004年7月1日卡西尼通过F环与G环之间抵达绕行土星轨道，成了土星的卫星，从此正式展开了它的土星探测，它的很多工作都是从那一天开始的。十年之后，2014年6月30日，美国国家航空航天局庆祝卡西尼号抵达十周年，并发表探测器对于土星及其卫星的研究资讯。本来，卡西尼的探测任务是四年，但是，卡西尼状态很好，直到现在它还在工作，这是一个超期服役的探测器，这是一个非凡的探测器。

望远镜的故事

伽利略的望远镜

人们总是对不了解的事物充满了好奇，比如遥远天体的真面目究竟是什么样子的。于是，人们幻想有一种千里眼，能看清遥远的东西，1608年，千里眼终于被发明出来，那就是望远镜。

这一年，在荷兰的一个眼镜作坊里，店主利伯希用一前一后两块镜片观察物体时，发现远处的物体离自己很近，受此启发他发明了望远镜。他将这一发明转化成商品，并把这一发明献给政府。有了这些望远镜的帮助，弱小的荷兰海军打败了强大的西班牙舰队，使荷兰人获得了独立。

荷兰人对这个发明采取了严密的封锁，但是有关望远镜的消息还是让伽利略知道了，他立刻意识到这种东西的价值和作用。经过细心研究，伽利略也独立发明出自己的望远镜。当这架天文望远镜缓缓扫过天空时，现代科学的帷幕缓缓拉开，有关天文学最基本的事实一个个被发现出来。人们说："哥伦布发现新大陆，伽利略发现新宇宙。"

伽利略的望远镜十分简单，它由两个镜片组成，前面的叫物镜，是一个边缘薄中间厚的透镜，具有放大功能。后面的叫目镜，镜片的中间薄周边厚，具有缩小功能。这样两个镜片配合一个圆筒组合在一起，就是一架最简单的望远镜。伽利略用它发现了木星的周围总是有四颗小星陪伴在左右，那就是木星的四颗卫星，又叫做伽利略卫星；他还发现土星好像长着一对大耳朵，那是土星的光环；他还仔细观察了月球的环形山。由于有了望远镜，人们清楚地知道，天上的银河原来是由无数的星星组成的。这些新发现，成为哥白尼日心说的有力证据。

伽利略的望远镜

开普勒的望远镜

使望远镜进一步有所发展的是开普勒，它把望远镜的目镜由凹透镜改换成了凸透镜，这样前后两个镜片都具有放大作用，提高了望远镜的放大倍率。它所成的像是倒立的，但用在天文观测上基本没有什么影响，这种望远镜叫做开普勒望远镜。

如果凸透镜对着太阳，那么它在地上就会出现一个非常亮的焦点，这个焦点距透镜中心的距离就叫做透镜的焦距，对于开普勒望远镜来说，用物镜的焦距除以目镜的焦距，就得到了它的放大倍率。开普勒望远镜的镜筒一般都很长，这也使它的放大倍率提高了不少。

使开普勒望远镜获得大发展的是威廉·赫歇尔，也就是发现天王星的那一位，他一生磨制了许多大型望远镜的镜片，他的望远镜看起来就像一门巨炮指向天空，这使他的观测手段一直优于别人，也给他带来了许多学术成果。在他的带领下，他的妹妹和儿子也都成为天文学家，在望远镜的制作上，也有不小的贡献。

牛顿的望远镜

伽利略和开普勒的望远镜都属于折射望远镜，它们都由两个镜片组成，工作原理并不复杂，但它们的缺点却是明显的，伽利略望远镜的放大倍率太小，而开普勒望远镜的镜筒太长。有没有办法使一种望远镜既有较大的倍率镜筒又不长呢？反射望远镜就有这个优点。

反射望远镜细分起来，又有许多种类，最常见的就是牛顿式反射望远镜。它是由英国物理学家牛顿在1671年发明的。它的物镜是一片凹面镜，而不是凸透镜，它装在望远镜筒的后边，而不是前边。它的表面镀银，可以把光线汇聚到前边，在焦点处固定有一面镜子，这个镜子把物镜的图像掉转90度，射在望远镜的筒壁上，在筒壁上，设置有一个目镜，严格来说，它是一个目镜组，是由好几个镜片组成的，相当于一个目镜，这样可以提高图像质量。用这种望远镜观测天体的时候，观测者不是在望远镜的后边，而是在望远镜的侧面。由于它的反射平面镜固定起来很复杂，所以它的镜筒也并不是标准的圆形，而是中部有段鼓起，就像葫芦一样，所以又叫宝葫芦望远镜。

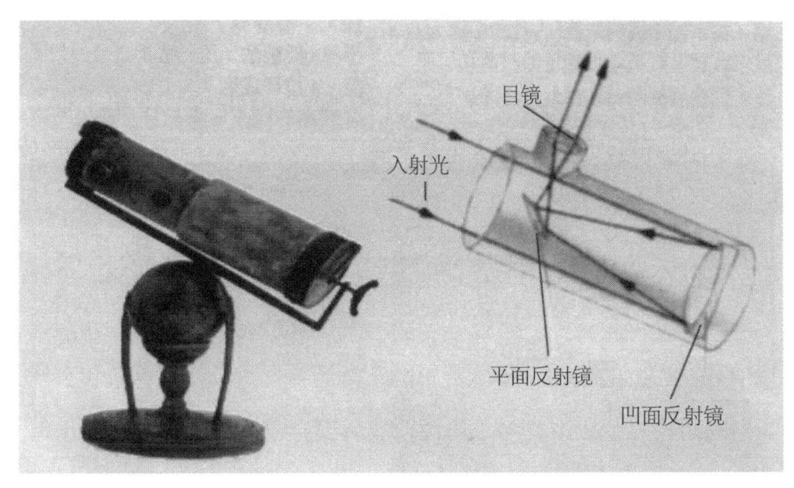

牛顿的望远镜

望远镜的发展

以上是较简单的三种望远镜的基本概况，对于较专业的天文观测来说，它们实在太简单了，远远满足不了观测需要。后来又有人发明了卡塞格林型、施密特型和马克苏托夫型望远镜，它们都以发明者的名字命名，光路原理也比较复杂。

人们往往追求望远镜的望远倍率，这一点是不可能无限扩大的。倍率太高，会影响它的成像质量。对于天文望远镜来说，倍率是一个次要的方面，人们追求的是物镜直径的大小，直径越大，它所收集的光子也越多，分辨能力也就越强。

美国曾经在1948年制造出了直径达5米的天文望远镜，它坐落在帕落马山天文台，它大大开拓了天文学家的视野，帮助他们拍摄了许多宇宙深空的照片，使美国天文学家的研究水平一下子提高了许多。不甘落后的苏联人坐不住了，于是他们造出了直径达6米的望远镜，但是这台当时世界上口径最大的望远镜成像质量很差。

现在人们已经认识到，望远镜的口径不能造得太大，过大的口径会使它的自重太大，这样就会造成镜片变形，而且它的自重也会把承载它运行的电动设备压得不能正常运转。继续提高望远镜分辨能力的新思路是制造许多小镜片，然后组合成一个大镜片。

在地球上，空气中的灰尘，不停地抖动着的大气，都成为影响望远镜观测质量的重要因素。现在的天文望远镜都建在晴朗少雨的高山上。但这还是不够理想，于是，人们又提出把望远镜放到太空去。哈勃望远镜就是目前工作最出色的一架太空望远镜，它像卫星那样围绕着地球运行，为我们提供了许多高精度的天体照片，被誉为天文学的“发现机器”。

望远镜的附件

星星在天上是一点一点地从东往西运行的，当你把望远镜对准它以后，很快就会发现它移动了，这样就需要有一种自动跟踪设施。现在即使是天文爱好者使用的望远镜，也有自动跟踪装置。除此之外，还有导星镜，有了它的帮助，可以很容易找到目标。如果你想把看到的景象拍成照片，那么还有摄影接口，你想观测明亮的太阳，还有滤光镜，因为用望远镜观测太阳，会灼伤眼睛，伽利略晚年患有眼疾，就是他用望远镜观测太阳造成的。

现在望远镜的目镜通常由几组透镜组成，这样可以有不同的望远倍率，配上不同倍率的目镜组可以得到不同的观测结果，如果想要看宽广的视场，就用低倍率目镜组，如果想要看精细的结构，就用高倍率目镜组。

早期的望远镜，由于镜片制造工艺简单，常常出现像差和色差这两种毛病，它们使看到的东西或者变形，或者颜色失真。为了解决这个问题，人们就尽量延长望远镜的焦距。1722年，布拉德雷测定金星直径的望远镜，其物镜焦距长达65米，比百米短跑跑道的一半还长。后来，消色差望远镜诞生，它的目镜是由两个镜片组成，一凸一凹贴合在一起，这样就可以消除色差和球差等多种毛病。

从望远镜诞生到现在，已经历了好几代的演变，因此也就产生出许多故事。可以肯定的是，只要人们探索宇宙奥秘的好奇心存在，那么有关望远镜的故事也就永远不会结束。

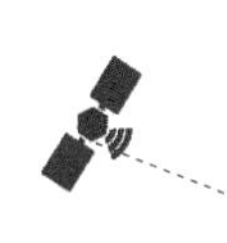

世界上口径最大的天文望远镜

得天独厚的地理位置

在世界上许多地方，由于空气中的灰尘太多，不适合进行天文观测。所以，天文台一般都建在空气干净清新的水边，但是由于大气的抖动，也限制了望远镜的观测能力。倘若在空气稀薄海拔很高的山上，就可以避免这些不利条件。

在太平洋中部风光秀丽的夏威夷岛上，有一座海拔4200多米人迹罕至的莫纳克亚山。这里大气的清洁度很高，大部分时间里天气晴朗，许多世界一流的大望远镜都集中在这里。在它们之中，最显眼的就是美国加州理工大学建造的口径10米的凯克望远镜。目前，它是世界上口径最大的望远镜之一。

凯克望远镜有两台，分别建造于1991年和1996年，像足球那样的圆顶有11层楼高，凯克是以它的出资建造者的名字来命名的。2001年开始正式运行，由于它处在太平洋非常稳定的空气中，因此具有很高的分辨率，综合观测能力不在哈勃望远镜之下。

最大的口径

提起望远镜的观测能力，人们首先要问的是它的口径，因为口径越大的望远镜聚光能力越强。从第一架望远镜问世以后，这个家族在越大越好的口号下经历了400多年的发展。当帕洛玛山上的5米口径望远镜出现以后，人们就认识到，望远镜的口径不能无限增大，大口径也会遇到一系列麻烦。

首先，增加口径，也就意味着增加它的厚度，质量也随之增大，镜片的质量将会引起自身的变形。为了使它能够跟踪天体的运行，还需要为它建造极为复杂而又灵活的支撑系统，它们往往重达上百吨，这需要克服一系列无法想象的困难。

大的镜面，也预示着镜片玻璃的浇铸工作十分复杂。这种大镜片还会随着周围的温度产生变化，任何一点温度的变化，都会导致镜片的变形，从而导致望远镜观测精度的下降。

双体凯克望远镜

既然望远镜的口径不可能无限扩大，人们就开始寻找其他的办法来解决这个问题。最切实可行的办法就是用一些小镜片组合成一台大口径的望远镜。凯克望远镜最关键的改革就是采用了这种系统，它的主镜片由36块口径为1.8米的六角形小镜片组成，组合后的效果相当于一架口径10米的反射望远镜。这个庞大的系统采用计算机来控制它的支撑系统和轨道齿轮，这些轨道齿轮可以调整望远镜系统指向天空的精确方向。在这个运行过程中，36块镜片的相对位置必须保持一致。

由小镜片组合成大镜片，这种技术堪称望远镜的革命，凯克望远镜就是这种新思路的代表作品。

光学自适应系统

遥远的星光就像水中的波纹那样源源不断地向前传播，当它进入地球的大气层后，由于大气的密度不一样，星光常常会发生抖动，这样到达望远镜镜面的光波是不完美的、畸变了的。当我们用肉眼看星星时，常常感到星星在眨眼就是这个原因。由于这种大气的扰动，星光的波长会发生某些不规则的变化，凯克望远镜有一套价值740万美元的光学自适应系统，可以克服这个

问题。

被大气扰动的星光在进入望远镜前，被计算机精确地测出，这个信号经过处理后，可以通过调节镜片的压力，使星光的波形回复到正常，像没有大气扰动那样，这样可以大大提高望远镜的聚光效果。这种技术被称为光学自适应系统，新一代大型望远镜都配备了这种系统。如果没有光学自适应技术，仅仅提高望远镜的口径是毫无意义的。

任何望远镜，不管它的技术多么先进，都存在着一些降低图像质量的小误差，这主要产生于镜片磨制过程，以及望远镜的支撑系统引起的重力变形。所以，除了光学自适应系统以外，凯克望远镜

还配备了主动光学技术，它由许多促动器组成，可以自动调整优化镜片的形状。

电子摄像系统

美丽的星云照片常常使我们对宇宙充满了无限的好奇。但是，不要指望用这个最大的望远镜就可以看到那绚丽的宇宙深空图景。那些照片是大型望远镜经过几个小时的曝光才拍摄出来的，所以大型望远镜都需要有高精度的电子照相机。

这种电子照相机配备有被称为 CCD 的一种电荷耦合器，它由几万个微小的电子感受器组成，看起来像一个平板，可以对接收到

的光子计数。尽管如此，来自星星的光芒还是十分微弱的，倘若用一架照相机把它们拍摄下来的话，还是不够清晰，因为这张照片上的光子太少了。倘若把照相机长时间曝光，就可以收集更多的光子，这样拍出来的照片就清晰多了。我们所看到的天体照片，都是望远镜上的照相机经过长达几个小时的曝光才拍摄成功的。高精度的天体摄像设施对提高观测宇宙深空的能力起到了极大的作用。

光学红外两用

来自遥远星体的信息不仅有光学意义上的可见光，还有其他波段的电磁波。对于凯克来说，它不仅可以接收可见光，还可以接收红外光。红外光受大气的扰动较小，因此可以很容易地获得更清晰的图像。对于那些遥远深空中的星系来说，它们的可见光往往被星际尘埃吸收，而红外光却可以穿透尘埃，到达我们的视野。这就好比凯克望远镜拥有另一只观察宇宙的眼睛。

行星围绕着恒星运转，但是行星也对恒星施加着引力影响，它可以使恒星发生周期性的摆动。当恒星向着观测者运动时，它的光谱波长缩短，向蓝端移动，称为蓝移，当恒星背离我们而去时，它的波长变长，向红端移动，称为红移。凯克的射谱仪，可以很容易地检验到恒星的这些特性，由此也就可以判断出恒星是否拥有行星。

凯克的这个射谱仪是同时代世界上最大的射谱仪，它把拍摄的星光按照波长展开，就是恒星的光谱。通过对这些光谱的研究，人们不仅可以很容易地判断天体的运行速度和方向，还可以得知许多其他来自星光的秘密，包括天体的化学元素组成和温度。

遥远的星系普遍存在着红移现象，凯克的射谱仪可以告诉我们它们的数值，通过对星系红移的研究，也有利于研究宇宙的结构。将来，凯克还会具有一套仪器，可以使它同时对100个目标的光谱进行测定。这种光学红外两用的能力，将使凯克望远镜成为人们搜寻太阳系以外行星的有力武器。

凯克望远镜的干涉技术

在同一个地点，两架凯克望远镜相距85米。这种组合成阵列的技术在射电望远镜中早已成功使用，它们具有更高的接收能力和分辨能力。当两架凯克望远镜同时对准观测一个天体的时候，它们

收集的光束经过一条地下通道合成一束光，进入一架照相机，通过相位补偿，产生干涉图形，从而使它们成为一台干涉仪。这个干涉仪的分辨率由两架望远镜的距离决定，两架凯克望远镜的距离是85米，所以，它们组成的干涉仪的分辨率相当于口径85米的望远镜，两台望远镜组成的干涉仪，一下子使望远镜的观测本领提高了几十倍。

凯克望远镜的意义

深邃星空中的点点繁星，使人们对它充满无限的好奇，可以毫不过分地说，天文学的发展史，其实就是一部望远镜的发展史。作为地基望远镜，凯克打破了5米海尔望远镜维持40年的霸主地位，它是新一代望远镜的杰出代表。虽然凯克望远镜的霸主地位很快就被打破，但它所采用的那些技术方法都被继承下来。

海尔望远镜

用小镜片组成大镜片，凯克是一个最成功的代表，其他一些大型望远镜也是在这种思路的指引下建造的。同时，将许多个同型号望远镜组成阵列，也正在成为一种趋势。建在智利的甚大望远镜就是由四架口径为8.2米的望远镜组成阵列，达到组成干涉仪的目的，麦哲伦望远镜也是采用这种技术。

作为哈勃望远镜的继承人，未来的空间望远镜也会吸收凯克的建造经验，它们由运行在轨道上的多台望远镜组成阵列，形成威力无比的空间干涉仪。未来将是光学、红外两用望远镜称霸的时代，它们会采用一系列光学以外的高新技术。而这一切，都得益于凯克的建造经验。

中国最大的天文望远镜睁开眼睛

望远镜很复杂的名字

17世纪初的一天，在荷兰，眼镜店的主人利伯希为检查磨制出来的透镜质量，把一块凸透镜和一块凹透镜排成一条线，通过透镜看过去，发现远处的教堂塔尖好像被拉近了，于是在无意中他发明了望远镜。1608年他为自己制作的望远镜申请专利，并遵从当局的要求，造了一个双筒望远镜。但是，利伯希不是天文学家，他没有能够想到望远镜还会有什么作用，真正让望远镜发挥巨大作用的是伽利略。

几个月之后，伽利略得知了这个消息，他也拿来一个大的凸透镜和一个凹透镜，制作了一个望远镜，这个望远镜的放大倍率只有20倍，他把这个望远镜指向天空，第一架天文望远镜就这样诞生了。从此，望远镜开始了一场波澜壮阔的发展史。现在，人们已经不追求望远镜的放大倍率，人们追求的是望远镜的口径，望远镜的口径越大，它的观测能力也就越强，于是，望远镜在口径上展开了一场大竞赛。

在这场望远镜的竞赛中，中国始终都落在后面，没有建造出先进的望远镜。但是，2009年，情况发生了改变，中国最大的望远镜诞生了。它就是位于北京兴隆观测站的“大天区面积多目标光纤光谱望远镜”，在天文望远镜诞生400年的时候，它睁开了巨眼，开始仰望星空。

“大天区面积多目标光纤光谱望远镜”，用英语简写就是LAMOST，简称为光谱望远镜，在口径上，它不能称为最大，但是，它却以自己特有的形式跻身于世界最先进望远镜的行列，它的最特别之处就是它可以让看到的景观既清晰又有足够大的视场。

当你拿着望远镜观看远处物体的时候，虽然远处物体距离近了，但是看到的范围却小了。观看的范围就叫做视场，望远镜的功能越强大，看到的东西也就越清晰，很遗憾，它的视场必然要缩小，这是一个无奈的问题。在望远镜的发展史上，它一直困扰着天文学家，光谱望远镜就很好地解决了这个问题。

4000根光导纤维可以自由操纵

过去小偷都喜欢偷电线，因为电线里面有铜，铜很贵。但是现在小偷们知道，有些电线里面没有铜，那是光导纤维，光导纤维可以把图像完整地传到另一边，在传递的时候，它是可以随意弯曲的，但是图像却不会发生改变。现在，光导纤维在天文望远镜中发挥了巨大的作用。

来自遥远的星光经过主镜，再经过改正镜两次反射之后，聚集在焦面上，这个焦面的地方会形成一个清晰的大图像，这个大图像的视场是很大的，会显示成千上万个星星。但是，这么多的星星看起来会让人眼花缭乱，科学家要研究的可能只是其中的几个小目标。这时候，光导纤维就担当了分配星光的工作任务。

在光谱望远镜的焦面上，设置有4000根光纤，它可以把星光分成4000个部分，也就可以产生出来4000个小图像，于是，这一个大望远镜可以同时提供给很多人使用。相对来说，它的视场就得到了扩大。

这些光纤组合在一起需要很高超的技术，光谱望远镜的前辈，斯隆巡天望远镜也只有640根光纤。斯隆望远镜的焦面位置放置铝板，光导纤维就插入铝板上的小孔中，但是，要想观测别的目标的时候，需要把光导纤维拔出来，而中国的光谱望远镜却不需要这样做，它的光导纤维是可以调节的。

仰望星空的人们看到的只是可见光，其实，来自星星的信号不只是可见光，还有红外线、紫外线和射电波等，一般来说，这些电磁波包含了更多的宇宙信息，对于这些，光谱望远镜会不客气地全部接收，它那4000根光导纤维的后面连接着光谱仪，光谱仪可以把星光调节到不同的波段。在光导纤维的后面，还可以接上照相机，这样就可以把相关信息拍摄下来，保存在磁盘上，以供以后研究使用。

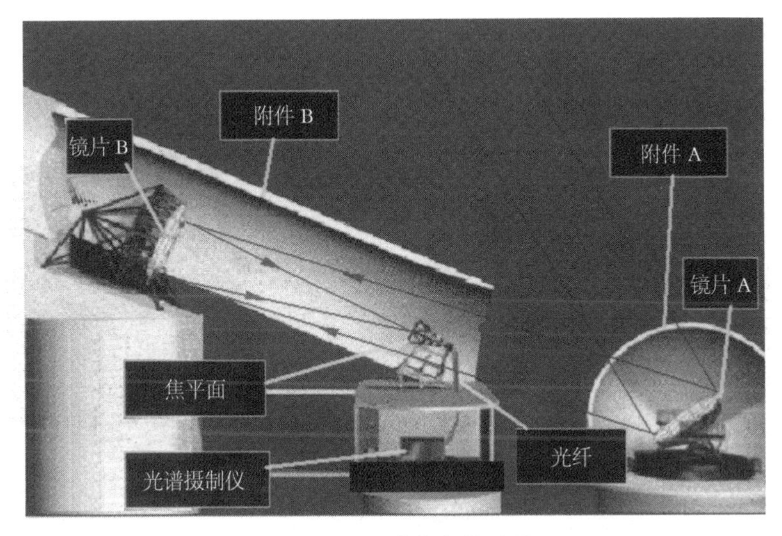

LAMOST 望远镜的光学原理图

小镜片组合成大镜片

买望远镜的人们总是关心望远镜的放大倍率，其实，这个指标对于天文望远镜来说，是没有意义的，对于天文望远镜来说，它的口径越大，观测能力也就越强。

世界上最大的望远镜口径是10米，光谱望远镜的口径达到了6.67米。这么大的镜片实在是个庞然大物，它的质量不仅会压得自己变形，还让整个望远镜系统无法精确地对准目标。这也一直是建造大望远镜无法解决的难题，而且又必须要解决这个难题。经过几十年的发展，人们找到了一种比较好的解决方案，那就是把小镜片组合在一起，代替大镜片，这样就解决了增大口径的难题。光谱

LAMOST 望远镜的组合镜片

望远镜的主镜是由37块镜片组成，一个接着一个拼接在一起，能力相当于一块大镜片，每块小镜片为对角径1.1米的六角形球面镜，37块合在一起相当于一块口径6.67米的大镜片。小镜片都是六角形的，组合在一起的外形看上去就像是蜂窝那样，由于每个镜片都很薄，总质量就大大减小了。

除了主镜之外，光谱望远镜还有另一组镜片。光谱望远镜的光路属于折反射望远镜，又叫施密特望远镜，是俄国光学家施密特于1930年发明的。施密特的特点就是有一块改正镜，它可以修正主镜造成的星光变形，大大提高成像的质量。光谱望远镜的改正镜也是组合镜片，它由24块对角径1.1米的六角形主动非球面镜小镜片组合而成，组合成的直径相当于5.72米。

多个小镜片组合成大镜片，是一件十分麻烦的事情，关键是如何控制，让它们形成一个共同的焦点，而且在观测的时候，还需要调节焦点，这就更麻烦了，光谱望远镜采用主动光学技术解决了这些难题。

星星人口普查员

光谱望远镜经过十几年的研制，克服了无数的技术难题，终于在2009年睁开眼睛仰望星空，这是对望远镜发明400年历史的最好的纪念。它坐落在北京兴隆观测站，远远看去，它像是一个巨炮，指向北方的天空。这个巨炮分成三个部分，最后面的是天文圆顶，是望远镜的主镜，它的圆顶可以打开向东西方向移动。光谱望远镜有优点也有缺点，它的主镜是不能移动的，不能看到西方和东方的天空，它的视线只能从南方转移到北方的天空，当星星移动到头顶上的时候，最适合它来观测。

在光谱望远镜的视场上，可以显示天空中五度的大小，在这么大的天区范围内给星星照相的时候，可以显示20等的星星，即使是我们用肉眼能看到的最暗淡的星星，也比20等星亮50万倍。

光谱望远镜圆顶的前面，也就是相当于大炮筒部分，分成两部分，这是两座高低不同的大楼，最北部的大楼相当于15层楼那么高，有通道把两个楼连接在一起。在通道里面，还设有通风设施，用来保障空气的宁静。

来自天空的信号实在是太多了，绝大多数都没有什么变化，科

学家不可能一个不漏地研究它们，他们需要了解的是哪里发生了变化，所以就需要一个巡视员，光谱望远镜既能看得清，也能看得多，很符合这个要求。光谱望远镜一昼夜可以观察上万个目标，所以它可以在最短的时间内了解星星的特征，对星星进行普查登记，为我们建立一个天体分布表，从而描述宇宙的结构。2010年4月，光谱望远镜有了一个正式的名字，它改名叫做郭守敬望远镜。

LAMOST 望远镜更名为郭守敬望远镜

索菲亚空中天文台开始登场

莫纳克亚山上的苦行僧

在浩瀚的太平洋上，美国夏威夷群岛是大名鼎鼎的旅游胜地，冬天平均气温22摄氏度，夏天平均气温28摄氏度。如果居住在山区，气温更加凉爽宜人，显现出自然景色的优美。夏威夷群岛的海滨也非常美丽，那里有广阔的海滨沙滩和深蓝色的海洋，是供人们游泳、冲浪和各种水上活动的好地方。

如果能在夏威夷群岛工作，那真该比神仙还快活，但是，提起这一点，在这里工作的天文学家却愤愤不平，他们就在这里工作，他们的工作却艰苦得很。他们不在海岸工作，他们在莫纳克亚山上，莫纳克亚山高达4000多米，那里原来是火山口，火山喷发的熔岩遍地流淌，山下是人间天堂，这里却是人间地狱，虽然火山喷发只是短暂的时间，但是，这里却是一片沙漠，空气寒冷，寸草不生。

虽然条件艰苦，这里却是观测天象的好地方，水蒸气的含量

索菲亚飞行望远镜

低，空气宁静度高。从这里看星星，具有很高的清晰度，所以，这里被认为是世界上建设天文台最佳的地点。很多国家都到这里来建设天文台，这里也就聚集了很多的天文学家。他们在这么艰苦的环境中观测天象。

事实上，大型天文台都是建设在高山上，实践证明，望远镜越是建设在高处，观测效果也就越好，所以，天文学家基本上都是在自然条件严酷的环境中工作，他们仰望星空，思索着宇宙的秘密，这一点跟苦行僧一样，他们是现代的苦行僧。

天文学家要革命

现在的天文观测技术跟伽利略时代相比，已经发生了天翻地覆的革命性改变，可是，天文学家的工作环境却越来越艰苦。

一般来说，越是向上，空气越稀薄，对于天文观测来说，观测条件也就越好，最好的办法是飞出地球大气层以外，把望远镜放在太空。但是，这需要一笔巨大的费用，若是把望远镜放置在地球大气层以内足够高的地方，也可以达到相应的效果。

索菲亚天文台就是这种思路下建造的具有开创意义的天文台，它在距离地面13千米的高空观测星星，这里是地球大气层的同温层，所以索菲亚天文台又有一个很正规的名字叫做“同温层红外天文台”。

以前人们认为，越往上升，大气的温度就会越低，但是，20世纪中前期，无线电技术以及气球探空技术的发展，使人们开始认识到在十几千米以上的高空中气温不再随高度升高而降低，而是基本不变，故命名为“同温层”。

同温层的高度在10~50千米，在这个高度范围内，大气层中的水蒸气只有地面的1%，在这里看星空，星星就不会眨眼睛，这对天文观测是非常有利的。索菲亚工作在同温层，虽然赶不上太空中的哈勃，却让任何高山上的望远镜都望尘莫及，真可谓比上不足，比下有余。在同温层建造天文台，对天文学家来说，这是一场工作环境的革命性改变。

飞机上的天文台

在大气层中的同温层建造天文台，似乎不可思议，它必须要有一个飞行器来承载它运行，实际情况也就是这样。索菲亚天文台使用大型运输机托着它在高空中飞行，看上去十分浪漫，但是，从技术上说，却很不容易。

一般天文台都有天文圆顶，索菲亚没有天文圆顶，它有一扇天窗，这扇天窗在飞机的尾部，有4.5米大小，打开天窗，望远镜就可以启动，把它的镜片对准感兴趣的目标。

索菲亚望远镜包含主镜、副镜以及三级反射镜，主镜由多块镜面组合而成，相当于一块2.5米口径的大镜片，呈蜂窝状的结构，这样可以大大减轻望远镜的质量，这也是新一代大型望远镜通用的做法，它使用玻璃陶瓷制造的镜坯，透明的表面带有一层反射膜。

望远镜的镜片安放在飞机尾部，而望远镜的控制系统，包括计算机、光谱仪和照相设备都安装在增压舱室内，天文学家就在这里工作，它们一边看着计算机显示屏上的天体图像，一边还可以透过飞机的舷窗看看天空真实的景观，当然，还可以看看飞机下面的景色。

要在飞机上创造这样一个舒适的天文台，是一件很困难的事情，需要解决一系列技术上的难题。

谁都知道，在飞机飞翔的时候，不能打开窗户，打开窗户，就会遇到异样的气流，就如同一个瓶子，向里面吹气，就会产生嗡嗡的声音，这就是气流共振。如果飞机上发生这种情况，就会动摇望远镜的基础平台，导致望远镜的振动。为了解决这个问题，望远镜的设计者采取了多种手段。首先，望远镜设置在一个大型缓冲平台上，这样飞机产生的振动，就不会影响望远镜。索菲亚还带有配重，其大小和振动频率可以抵消任何振动。而驱动系统还可以让望远镜前后移动，以补偿低频振动以及飞机的运动。副镜甚至可以进行振荡，抵消图像本身的抖动。

虽然可以让望远镜不产生振动，但是避免气流的影响也很重要，打开观测舱门的时候，为了避免少量的气流进入舱内，他们在飞机内还特设了一个倾斜的斜面，让进入的气流按照一定的方式重新返回飞机的外面。

这种飞行天文台的最大好处是维护方便，可以不断升级，而那种在太空运行的望远镜如果坏了，就必须要飞去天上修理。

日全食引发的创意

索菲亚的诞生并不仅仅是天文学家要改善工作环境，另一个引发它出现的原因是观测日全食引发的思路。

日全食出现的时候，在大地上会出现一个狭长的地带，只有

在这个地带的人，才能看到日全食，日全食是慢慢地扫过这个地带的，前面地带的人看不到日全食了，但是，后面的地带才开始出现日全食。这给天文学家一个启示，他们想，如果我们沿着这个地带向前跑，那么就可以长时间地看日全食了。事实上，他们常常这样做，但是，不是在大地上跑，而是乘坐气球，沿着这个日全食带向前跑。

后来，飞机技术发展了，他们又拿着望远镜，或者拿着照相机，坐着飞机向前跑，但是效果都不大理想。1965年5月30日，NASA使用一架飞机观测了日全食。1968年，一架直径30厘米的红外望远镜被安装在喷气飞机中，对行星和星云以及一些红外源进行了观测。

到了1974年，柯伊伯机载天文台诞生了，它的载体是一架C-141大型运输机，它使用了一架直径91厘米的反射望远镜，主要对一些红外源进行观测。柯伊伯取得了不小的成绩，从此气球天文台被打入冷宫，机载天文台这个名称被大家渐渐熟悉。这些经验最终导致索菲亚飞行天文台的出现。

索菲亚的质量是17吨，承载索菲亚的飞机是波音747，这种大型客运飞机可以承载400多名乘客，也只有这种大型运输机才能胜任这种工作。索菲亚飞行天文台在实施的过程中，出现了许多曲折，2004年，索菲亚天文台首次飞行，它观测了北极星，结果让天文学家很满意，本来想在2010年可以正式上岗工作，但因为经费

短缺原因它又被砍掉了，2006年，索菲亚再次恢复建设。

2009年12月18日，索菲亚飞行天文台再次进行了1小时19分钟的飞行。当时它尾部的大洞敞开着，速度达到了400千米每小时，它以优异的成绩通过了空气动力学的测试。

2010年5月26日，它再次起飞，搭载10名工作人员，进行了6个多小时的测试，在红外波段观测了木星，还借此机会给大星云M82拍摄了一张红外照片。图像不够清晰，这与曝光时间短有关。

研究人员认为，索菲亚的这次飞行是成功的，它可以上岗工作了，谁要是有什么好的观测建议，可以向他们提出使用申请，于是索菲亚飞行天文台20年的服役期开始了。

像度假那样休闲

索菲亚可以在可见光、红外线及亚毫米光谱范围内观测，以中红外到亚毫米范围内的性能最佳。所以索菲亚飞行天文台主要针对红外波段进行观测。已经给它确定的主要研究方向是：研究恒星是如何形成的，研究星际尘埃的组成和演化，研究银河系中心的黑洞。在这些研究课题上，索菲亚具有特别的优势，可以完成其他望远镜无法完成的观测任务。

比如，当一般望远镜发现星空的某个天体发生了奇特的景象，它就会不眨眼睛地看着这个天体。但是，地球是要自转的，星空很快就会转到地球的另一面了，望远镜再想看，也毫无办法。这时候，索菲亚望远镜就可以大显身手了，它可以随时起飞，在空中与地球自转保持同步，一刻不停地观看奇异的天象，如果有必要的话，它可以环绕地球一周。

对于在高山上的天文台工作的科学家来说，那里的气候是很糟糕的，他们为此吃尽了苦头。但是，在索菲亚天文台工作，却是一件很悠闲的事情。他们在天上飞行就跟度假一样，他们不仅可以仰望星空，也可以俯瞰大地，想到哪里去，就把飞机开到哪里去，也不需要办理护照，随意飞到哪个国家的上空都可以。

哈勃望远镜，一台永生的发现机器

冲出地球面纱的发现机器

1990年4月25日，对天文学家来说，是个极其重要的日子，对人类文明的发展史来说，这也是一个很重要的日子，这一天，美国的航天飞机把一个伟大的发现机器送上了太空，这个伟大的发现机器就是哈勃望远镜。哈勃望远镜长13.3米，直径4.3米，重11.6吨，它在590千米的太空轨道上环绕地球运行。

如果一架这样的望远镜建在地球上，它就要受到大气层的干扰，地球的大气层就像是地球的面纱，遮住了望远镜的视野，它让望远镜看到的星光不停地抖动，从而显得模糊不清。但是，哈勃望远镜就不同了，它冲破了地球的面纱，在那高高的太空窥探遥远的星星，探测宇宙深处的秘密。它让我们看到了恒星周围的圆盘，那是行星的胚胎时代，它让我们看到了遥远的恒星大爆发，那是恒星死亡的时刻。利用哈勃望远镜的行星摄像机，科学家获取了第一张伽马射线爆发的光学照片。哈勃望远镜上的超级摄谱仪，又向人们首次揭示了超新星的化学成分。

哈勃望远镜是第一台冲出地球大气层的巨眼，给沉寂的天文学带来了勃勃生机，由于它揭示出那么多令人震撼的宇宙秘密，被称为这个时代的发现机器。

发现机器长生的秘密

在哈勃望远镜上天之前，也有天文卫星带给我们科学的震撼，

但是，它们的寿命都不长，而哈勃却不知道疲倦地工作着，到2015年，它已经工作了25年。在这25年的时间里，它拍摄了接近上百万张照片。利用这些照片，科学家写出了无数的论文，每一篇论文的完成，科学家们都要向哈勃致敬，哈勃望远镜也因此成为这个时代知名度最高的科学名词。

哈勃之所以能持续地工作25年的时间，最主要是由于它那模块化的设计，各个系统都成为一个相对独立的单元，如果一个元件坏了，可以重新更换一个新的元件，整个系统还可以完好地工作，这给哈勃的维修带来了巨大的便利。

比如1999年，哈勃在大修的时候就被更换了六个陀螺仪中的四个，使哈勃在给天体拍摄照片的时候，能够保持最稳定的姿态。也是在这次手术中，哈勃的计算机、无线电收发器和数据记录器都被更换了。在2002年的大修中，哈勃还被更换了使用了11年的电力控制装置。

模块化的设计不仅利于哈勃的元件更换，更重要的是，利于元件的升级换代，每一次大修的时候，哈勃都获得了技术水准更高的元件。1997年，哈勃在第二次大修的时候，宇航员给它安装了“近红外照相机和多目标分光计”，这使哈勃的视力获得了进一步的提高，它原来只能

看到可见光，勉强可以看到紫外光，但是现在可以看到电磁波谱的红外部分，从而大大增强了它的观测能力。2002年，宇航员又给哈勃更换了一套新的刚性太阳能电池板，它比“哈勃”太空望远镜原有的太阳能电池板体积小45%，但产生的能量却要多出25%。新的电力控制装置，使哈勃具有更多的能量，这些能量又可以让哈勃进一步增加其他设备，扩充它的能力。

这样不断地更新设备元件，就好比计算机的不断升级，不仅不会落后，反而越来越先进，从而使它成为一台长生不老的发现机器。

凄凉的16岁生日

2006年4月25日，哈勃16岁了，人们纷纷追溯哈勃的历史，讲述它对天文学的巨大贡献，NASA还发布了十张哈勃以前拍摄的精美图片，以示庆祝哈勃的生日。表面看来，哈勃依然是无限风光，但是，此刻的哈勃却重病缠身，处境非常凄凉。

由于镜片在研磨的时候出现了误差，导致无法看清远处的星系，它一上天就成了近视眼，1992年，它进行了第一次手术，宇航员乘坐航天飞机上天，给它贴上了一块视力修正膜片。从此之后，哈勃有了正常的视力，分辨率达到了最初的设计要求。之后，哈勃还进行了三次大修，第四次大修是在2002年，但是，这却是它的最后一次大修，它没有能够迎来第五次大修，因为它的命运开始跟航天飞机的命运联系在一起。

2003年2月1日，哥伦比亚号航天飞机在返回地球的过程中发生了爆炸，从此，美国没有航天飞机可以使用，要想给哈勃进行手术，只能等待航天飞机重新上天的时刻，但是，航天飞机重新上天的时刻被一再推迟。也就在维修航天飞机的日子里，NASA 官员们的立场开始发生了动摇，它们有意让哈勃退休，第五次大修不准备进行了。

哈勃获得了永生

哈勃的陀螺仪发生故障，电池板也严重老化，在这样艰难的日子里，哈勃还依然工作着，但是，在2006年6月，哈勃再也坚持不住了，它的先进测绘照相机停止了工作，哈勃失明了。几乎与此同时，哈勃也遇到了前所未有的竞争，在那几年时间内，一大批望远镜建造计划都在进行中，不管是地面望远镜，还是新一代太空望远镜，它们都声称观测能力将会超越哈勃。

哈勃拍摄的照片

旧的不去，新的不来，让哈勃退休的声音越来越高涨，但是，拯救哈勃的呼声也没有停止，而且声音也越来越高。NASA 经过再三考虑，终于在2006年10月31日宣布，于2008年发射航天飞机前去维修哈勃望远镜，于是，哈勃望远镜又获得了新生。

那一次大修，哈勃增加了六块新电池，更换全部的陀螺仪，还增加一台照相机和一台宇宙起源光谱仪，这种光谱仪某些方面的性能比原来的提高了30多倍，多方面的改造使哈勃的观测能力获得再一次提高。

第五次大修，不仅多方面改造哈勃的设备，还在哈勃的后部安装一组手柄，以便未来可以很容易地抓住望远镜，给它第六次，甚至第七次的大修。哈勃苦尽甘来，这组手柄的安装，不仅让它获得了新生，而且是获得了永生，在未来的日子里，它将会一直保持望远镜的领先能力，成为一台难以被超越的发现机器。

哈勃望远镜 为新视野导航

在太阳系的边疆

发现冥王星的时候，人们正在寻找太阳系的第九大行星，它在遥远的太阳系边疆，完全符合人们的理论预期，所以它一出现，立刻就得到了第九颗大行星的美名。但是，2008年，冥王星的宝座被掀翻，它不再是第九大行星，它仅仅是一颗柯伊伯带天体。

1951年，荷兰裔美籍天文学家柯伊伯提出，在太阳系的边缘，也就是海王星的外侧，有一些小天体，它们是太阳系形成之后留下的残骸，它们合在一起环绕着太阳运行，呈现出圆环的结构，就像是太阳的呼啦圈，这就是柯伊伯带。

1992年，他的预言被证实了，这一年，第一个柯伊伯带天体出现在天文学家的望远镜里，到现在，被发现的柯伊伯带天体超过了一千颗。这些柯伊伯带天体都有一个共性，都由含冰物质组成，在望远镜看来，它们仅仅呈现出一个暗淡的红点，多方面都跟冥王星十分相似。如此看来，冥王星也只不过是一个普通的柯伊伯带天体。

最终影响它命运的是两位女神。这两位女神就是塞德娜天体和齐娜天体，论个头，这两位以女神名字命名的天体与冥王星旗鼓相当。是它们挑起了太阳系边疆的烽火，让人们重新认识了太阳系，并把冥王星拉下第九大行星的宝座。与此同时，太阳系的边疆成为天文研究的热点，于是，“新视野”出现了。

新视野需要新视野

新视野探测器由美国研制，它在2006年1月从美国佛罗里达州卡纳维尔角空军基地发射升空，去探测太阳系的边疆。这是一个费尽周折才产生的航天计划，在此之前，冥王星—柯伊伯快车探测器曾经酝酿了很久，各种条件不符合而落马，利用太阳帆探测太阳系的边疆的计划也没能实现，最终产生出来了新视野探测器，它更经济，速度更快。

飞往太阳系的边疆，这个路程实在是太遥远，所以，新视野探测器上所搭载的设备寿命很长，至少为10年，它搭载了核能电池，可以长久地提供能源。为了节省能源，在从木星飞往冥王星的8年时间里，新视野号上的绝大部分仪器将处于休眠状态，仅仅是每年打开一次，检查和校准相关部件，保持正确的航向到达冥王星。在到达冥王星几个月前，这些设备将开始工作，研究冥王星和它的卫

星冥卫一，主要研究项目是它们之间的大气层，描述冥王星和卡戎的地质和形态，测绘冥王星和卡戎的表面成分，还要测量表面温度，除此之外，还要观察寻找冥王星周围是否有光环和其他卫星。

2007年，新视野已经越过了木星，并且借助木星的引力实现了变轨，在此后从木星飞往冥王星的8年时间里，它寂静无声地前行，人们几乎把它忘记了。

按照预期，2015年它就要接近冥王星，考察冥王星之后，它将要干什么呢？科学家需要给它找到一个目标。地面望远镜已经不合适了，它需要新的视野，看清楚未来的考察目标。

哈勃望远镜来指路

要等它考察完冥王星之后再给它下指令，似乎太迟了，项目组的科学家想提前一年给它找好研究目标，考察完冥王星之后，它可以立刻飞往下一个目标。当然，下一个目标是柯伊伯带天体。

研究小组从2011年便开始用地面天文望远镜寻找候选，但他们一直受到观测点的坏天气困扰，另外，新视野前进的方向是银河系的中心，看上去明亮的天体太多，而柯伊伯带来自环绕着太阳的原行星盘碎片，它们由于未能成功结合成行星，都是小天体，最大的直径不超过3000千米。它们看上去太黑暗了，以至于难以找到一个合适的目标。此外，研究小组还发现，柯伊伯带天体比他们原先预计的要少得多，迄今为止，地面望远镜已经发现了50多颗昏暗的柯伊伯天体，但却没有一颗恰好位于合适的位置上，不适合新视野前去探访。

于是，他们不得不求助于在太空中运行的哈勃空间望远镜，它在太空有一双火眼金睛。目前，哈勃望远镜已经接受了这个任务，它将花费40个小时的时间，专门为新视野寻找目标，如果它能顺利找到两颗的话，那就证明它很适合做这项工作，接着还会再分配给它156个小时的任务。使用哈勃为新视野探测器服务，效率大大提升，使寻找合适天体的概率提升一倍以上。

新视野经过九年的漫长旅程，2015年7月14日7时49分飞跃了冥王星，“新视野”号与冥王星最近时的距离约为1.25万千米，速度是每小时49000千米。在考察完冥王星之后，它就会点燃推进器，加快速度，向着新的目标，也就是柯伊伯带天体前进。

斯皮策望远镜要改行

红外的眼睛斯皮策

望远镜将我们的视野扩充到遥远的宇宙，它们可以看清宇宙深处的景观，在那宇宙深处，温度极低，最冷的地方接近绝对零度，也就是-273.15℃，这一温度是温度的理论极限，不可能存在比这更低的温度。物质的温度只要高于绝对零度，都会发出红外线，那些天体都能发出红外线，观测它们发出的红外线，也是研究它们的一种方法，于是，红外线望远镜产生了，从20世纪80年代，红外天文观测开始发展起来，它们弥补了光学望远镜的不足。

但是，地球的大气层对红外线有吸收作用，如果把红外望远镜放到外太空，就会收到更好的效果。所以，红外天文望远镜最突出的代表还是太空望远镜，除了正在服役的广域红外探测器，还有斯皮策望远镜。

斯皮策望远镜属于美国所有，在2003年发射升空。它的口径为85厘米，虽然口径很小，但是得益于红外设备的先进，可以收

到很好的效果，它可以在红外线的四个波段工作。斯皮策红外望远镜在红外波段观测，它可以弥补光学望远镜的很多不足之处。

那些太阳系以外的行星不发光，而是反射恒星的光，因而光波频率很低，斯皮策可以在红外线观测中发现这些行星。河外星系和宇宙边缘的很多天体由于距离遥远，可见光较弱，但是红外辐射较强，它们也是斯皮策红外望远镜研究的重点。斯皮策已经取得了很好的成绩，它是人类的红外线眼睛，它在红外波段的观测，大大推动了对银河系的认识，还加深了人们对黑洞的认识，也向我们展现了宇宙早期的画面，认识了宇宙深处那些第一代恒星和星系形成的面孔。

光学望远镜是人类眼睛的扩充，斯皮策望远镜就是人类的另一双眼睛，是认识宇宙的红外眼睛。

功臣的时代将要落幕

斯皮策红外望远镜的工作环境很特别，斯皮策红外望远镜并不是在地球轨道上空运行，而是在地球轨道的后方，环绕太阳的轨道上，所以它应该算是地球的兄弟，属于行星的级别。它在这里的位置是不稳定的，每年会以0.1天文单位的速度逐渐远离地球，这使得一旦出现故障，将无法使用航天飞机对其进行维修。

作为一台仪器，它本身会发出热量，也会产生红外线，会对观测目标造成干扰，为了避免这一点，它需要有一套制冷设备。斯皮策携带着360升的制冷剂——液氦，帮助它制冷，让它所携带的照相机和摄谱仪都维持在 −272℃的低温，这样一来这些电子探测器在红外波段就可以达到它们的最大灵敏度。

与此同时，斯皮策还会采用其他的新技术使得它与外界热源隔绝开来。它有一个防护罩，遮挡住来自太阳和地球发出的红外光，各种措施的综合利用，让斯皮策一直处在温度很低的状态下。

但是，这种局面不可能一直持续下去，它所携带的制冷剂会渐渐地消耗，最终完全蒸发，于是，它也就失去制冷的能力，也就没有了原来设计的精度。这一天在2009年5月15日来临了，斯皮策终于耗尽了它最后一滴用于制冷的液氦，结束了为期5年的低温使命，它已经失去了最佳的工作状态。

斯皮策要改行再创辉煌

尽管耗尽了液氦，不能让它在极低的温度下工作，斯皮策望远镜的红外阵列照相机仍能正常工作。于是，NASA 有了全新的设想，准备让斯皮策改行，专门探测日外行星。作出这样的决定，是因为他们发现，在研究日外行星方面，斯皮策有着很特别的能力，这些特别的能力是他们当初建造这台望远镜的时候没有想到的。

斯皮策善于观测那些具有凌星特征的行星，当行星走到恒星面前的时候，就会遮挡住恒星的光芒，这就是行星的凌星，它可以观测凌星的一个完整周期。如果把行星与恒星当作是一个整体的话，它就知道了这个整体系统的亮度，当行星运行到恒星背后的时候，它可以评估出恒星的热量减少了多少，得出行星大气的温度，进而评价行星上的大气系统。尤其是当行星走到恒星侧面的时候，行星会反射一部分恒星的光芒，整体亮度会增加一部分，这部分很小，但是它也可以观测到。

斯皮策望远镜

这些能力对研究日外行星是至关重要的，这也是制造它的时候没有预料到的能力，于是，斯皮策望远镜就有了重要的资本，它要改行了，不研究低温下的宇宙和星系形成，专门研究日外行星，科学家希望它能在未来发现位于可居住带上的岩质行星，并且通过斯皮策的能力，研究那里的大气结构和大气温度，进而在其中找到我们的未来家园。

斯皮策望远镜的运行轨道

但是，在斯皮策空间望远镜设计时，科学家并没有考虑到将该平台进行改造，要想改造它还存在着一些技术上的难题。无法上天对有关设备进行改进，只能通过相应的软件技术来改进。斯皮策望远镜的科学家正在尝试调整望远镜的工作方式，使之能发挥高灵敏度红外相机的作用。

虽然低温设施不能使用了，但是在太空中，温度接近绝对零度，它还是能够执行红外观测。它还能在两个红外波段上进行观测，而且不丧失任何灵敏度。在这些波段上，斯皮策还能观测太阳系外行星，研究行星上的白天和黑夜，告诉我们太阳系以外行星上的信息，帮助我们寻找未来的家园。

16 保卫地球的哨兵望远镜

保卫地球，人人有责

提起小行星撞击地球，人们首先想到的是6500万年前恐龙的灭绝，还有地球上很多的陨石坑，也向我们诉说相同的故事。久远的话题似乎不能唤起我们对这个问题的关注，认为那都是遥不可及的事情，都觉得小行星撞击地球这种可能性实在太小了。

但是，最新的研究证明，小行星撞地球，这个问题并不遥远，一颗名为阿波菲斯的小行星将会在未来几十年内两次接近地球，这已经让我们提高了警惕性。对2000年至2013年地球上空的爆炸数据进行了分析，结果发现共有26次爆炸可能是小行星在大气层高处发生的爆炸。还有很多未知的小行星也躲在不知什么地方，不知道什么时候会靠近地球。越来越多的近地小行星被发现，它们都告诉我们，小行星撞地球的概率不像过去认为的那么低，可达到以往预计的10倍。

有很多天文爱好者热衷于寻找小行星，而且成绩卓越，还有一些国家的天文台也肩负着这样的使命。当然，它们都不是主力，监控小行星，需要有能力强大的机构。

为了监控小行星，美国国会在1998年做出一项决议，于是，一批监控小行星的机构开始运作起来。其中包括林肯近地小行星研究小组、卡特林那巡天系统、泛星计划等，它们都起到了巨大作用，发现了很多近地小行星。这些机构是由美国政府出资建设的项目，在某些时刻，它们可能会遇到资金紧张导致无法运转。

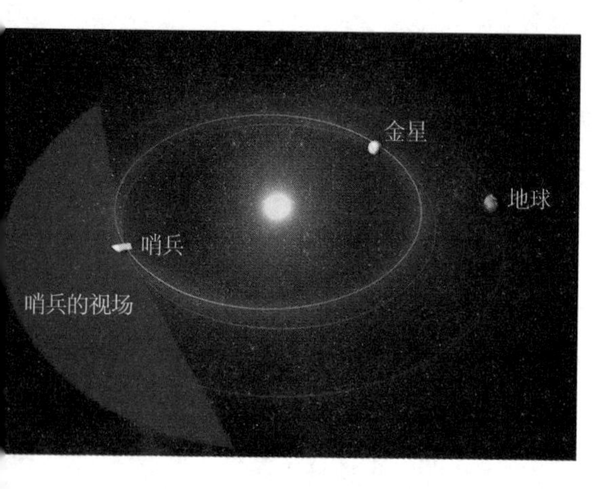

于是，私人机构也开始关注小行星撞击地球这个问题，一个名字叫做B612基金会的组织诞生了，B612基金会位于美国加利福尼亚州，是由三名宇航员发起的一个非营利组织，主要负责筹措资金，于2002年10月7日成立。B612基金会最大的动作是要建立一台望远镜，这是一架很不同寻常的望远镜。

太空中的哨兵

B612基金会要建造一台红外望远镜，来监控天空中的小行星，这架望远镜不在地面，它要被送上太空，在太空中监控小行星，时刻警惕着那些进犯地球的小行星，所以，它有一个很形象的名字，叫做哨兵。

目前，所有的监控小行星的观测设备都存在着观测死角，它们不能观看太阳周围的小行星，太阳的光芒太亮了，使得观测者难以看清太阳周围的情况，哨兵望远镜就不一样，它在太空中，专门观测太阳周围的小行星。为了实现这个目标，它的运行轨道被设置在靠近金星轨道的位置，这个位置具有重要意义。

金星是太阳系的第二颗行星，而地球是第三颗行星，金星在地球的轨道内侧，当我们看到金星的时候，不是早晨就是黄昏，它似乎总是跟太阳一起升起来，一起落下去。哨兵望远镜位于金星轨道附近，就能跟太阳一起升落，这样它就不需要面对太阳刺眼的光芒，从地球轨道内侧观测地球身边的动静。

哨兵望远镜站在距离地球遥远的地方观测地球，把敌人和自己的大本营都纳入自己的视线，那些即将靠近地球的小行星都会出现在它的视野。从哨兵太空望远镜所在的位置向地球看去，漆黑的宇宙中只有蓝色的地球，这是一般光学望远镜看到的景观。但是，在哨兵太空望远镜的眼里就不是这样，哨兵太空望远镜不是光学望远镜，它是一台红外线望远镜，在它的眼里只能看到热量，地球因为吸收了太阳光会变得十分明亮，在地球的周围，宇宙是寒冷的，几乎处于绝对零度，在哨兵的眼里也就等于空无一物，当一颗小行星靠近地球的时候，小行星会吸收阳光，温度升高就会发射出红外线，于是，专门探测红外线的哨兵就发现了这颗小行星。

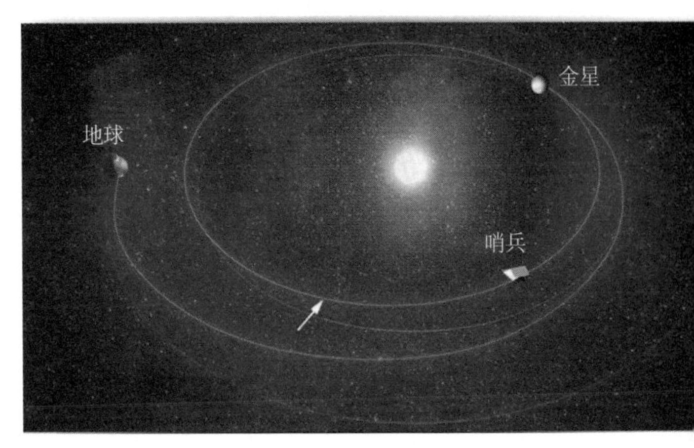

哨兵的轨道

哨兵太空望远镜的任务

哨兵太空望远镜还处在设计研究阶段，它会在2018年升空，它的工作寿命暂时定为六年，在这六年的时间内，它将把几乎所有的小行星纳入自己的视线，搜索约50万颗近地小行星。

在传统的小行星搜索中，新发现的小行星会很快消失，因为人们还难以立刻确定它的轨道，但是哨兵的能力就大不一样，发现小行星之后，它会描述出一幅动态图，详细表述小行星的运行轨道特征，很容易再次找到小行星。除此之外，哨兵望远镜将会帮助研究人员绘制出一张前所未有的详尽、动态的太阳系内部小行星分布图，从这种运行图上，很容易识别哪些小行星是危险分子。如果有哪一颗小行星试图靠近地球，它就会立刻报警，给人类足够的时间改变小行星的轨道。

哨兵太空红外望远镜的出炉将是小行星搜索领域一个重大的里程碑项目，鲍尔航天公司的11名航天界专家设计相关的规划，等到哨兵红外望远镜进入预定轨道的时候，它就成为人类的哨兵，监视着那些试图攻击地球的小行星。

寻找宇宙隐身人，杀鸡要用宰牛刀

货真价实的冰立方

水立方是中国的国家游泳中心，这个蓝色的建筑规模宏大，在北京奥运会上，水立方出尽了风头。很多人不知道，在遥远的南极，在那冰天雪地的地方，有一个叫做冰立方的建筑，说它是建筑也许不合适，因为建筑需要在地面上能看到，可是，冰立方是无法在地面上看到的，它在那茫茫冰原的下面，而且距离地面还有一两千米。

冰立方是个货真价实的东西，它的大小正好是1立方千米，大概也只有在南极那寒冷的地方才能满足这个要求，制造出来这么大块的冰。这绝不是简单的1立方千米的冰，在这个大冰块里面，有很多的洞，当然这些洞都是人为挖出来的，共有80个冰洞，冰洞与冰洞之间的间隔是125米，这些冰洞的内部并不是空无一物，在洞里，安装着光电传感器，整个冰立方有4800个光电传感器，它们整齐地分列着。这就是多国科学家执行的冰立方计划，2010年12

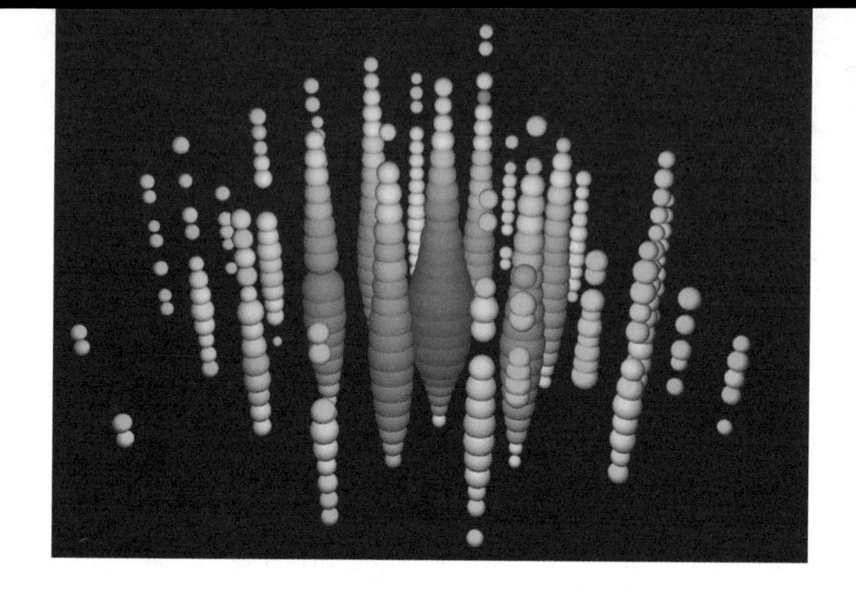

月27日竣工。

以前，科学家在深海或者在地底下建造这样的系统，在日本岐阜，地下一千多米的地方有这样的装置，是冰立方的前辈，但是，那里使用的仅仅是水，而不是冰，冰立方是这种探测方式的改变。

建造这么大的冰立方是干什么的呢？建造冰立方的目的是捕捉隐形人，冰立方里面的光电传感器时刻警惕着，把来自太空的隐身人捕获住，并且把相关的信息告诉地面科学家。

隐身人是谁

隐身人就是中微子，它是极其微小的基本粒子。在遥远的天体上，时刻发生着各种变化，中微子就是天体激烈变化的产物，在天体的激烈变化中，可以产生各种各样的微观粒子，它们在向四周扩散的过程中，或者发生了变化，或者被宇宙尘埃挡住，能来到我们身边的很少，我们无法进一步地知道宇宙深处的信息。

但是，跟它们一同产生的中微子就不一样，中微子不受任何

条件的限制，可以越过任何障碍物，即使是你的身体，也可能会有无数的中微子穿越过去，而你却毫无觉察。它明明来到了我们的身边，我们却看不到它，也摸不到它，无从知道它的任何信息，所以人们称它为“隐身人”。

说中微子是隐形人，一点也不为过，中微子还有一个特性，那就是不同种类的中微子可以相互转化，比如，μ 中微子飞行了500千米之后，就不见了，原来它们变成了 τ 中微子，τ 中微子继续飞行，还会变成电子中微子，最后还会全部变成 μ 中微子。长时间以来，让科学家非常困惑，他们不知道中微子在飞行的过程中还有这一手，他们明明知道会有中微子出现，可是中微子却就是不出现，这也是中微子被称为隐形人的一个原因。

其他设备探测不到中微子，冰立方能抓到中微子，让我们好好看看这个隐形人的真面目吗？冰立方还没有那么大的本领，还不能直接抓住隐形人，但是，它可以发现隐形人的行踪，让隐形人在穿过冰立方的时候留下脚印。当一个中微子进入冰立方的时候，就会

与冰发生反应，释放出其他的微观粒子，同时也会发生闪光，闪光转瞬即逝，冰立方里面，那4800个光电传感器将会记录这个闪光的过程。于是，科学家知道了，有一个中微子拜访了冰立方，也就可以研究中微子的特性，让这个隐形人乖乖地向科学家报告宇宙深处的信息。

杀鸡要用宰牛刀

隐身人中微子只不过是一种微观粒子，它的体积小得实在是不值一提，却要建造一立方千米的冰来捕捉它，这种不对称的关系就像杀一只鸡却要使用宰牛刀那样，这也是无奈之举，因为中微子的数量太少了。

最早的中微子捕获装置是20世纪60年代建造的，它使用了一节火车的大油罐，里面灌满四氯乙烯液体，埋在了地下的一个矿井中。这么庞大的设置仅仅是要寻找来自太阳的中微子，虽然结果并不理想，只找到了三分之一的中微子，这却让人们发现了中微子可以相互转化的规律，它的建造者也因此意外地获得了诺贝尔物理学奖。

也许正是因为这个获奖的原因，另外一些中微子探测器也被建造出来，它们的体积同样十分庞大，远远超过了一个大油罐的体积，因为在建造的时候，建造者就决定，不仅要探测来自太阳的中微子，还要探测来自遥远超新星爆发产生的中微子。

那些来自宇宙深空的中微子十分分散，一颗超新星爆发产生的中微子，被地球截获的只能是很少的一部分，如果使用大小为十米的探测器，只怕十几年也接收不到一个中微子。为了提高检测效率，必须要把探测器建造得足够大，于是，冰立方也就这样诞生了。

给地球照个 X 光像

建造冰立方，除了用来研究中微子之外，还可以有另一个收获，那就是能够给地球照一张 X 光照片。当一个人站在一架 X 射线照相机前的时候，照相机启动，就给人照了一张 X 光照片，照出来的并不是人的模样，而是人体的骨骼。其实，冰立方也相当于一个 X 光照相机，只不过它不是给人类照 X 光像，而是给地球照 X 光像。

冰立方探测到的那些中微子并不是来自南极的天空，而是来自北极的天空，这些中微子从北极穿过地球，一往无前，它们穿过地幔，穿过地核，在接近地球南极的时候，进入冰立方里面，被检测仪接收。这个过程相当于给地球照了一个X光照片，当它们穿越地球核心的时候，由于地球核心是金属的，就会有极少数中微子与地球核心发生反应，从而挡住了冰立方接收中微子，虽然数量极少，但是，当时间足够长的时候，效果就会显示出来。人们会发现，从地球核心穿越过来的中微子数量不够，达不到理论数值，通过计算，就可以知道地球核心的物质结构，就跟通过一张X光照片，就可以判断出骨骼是否出了毛病那样简单。

照一张X光照片需要的时间很短，只需要不到一秒钟就够了，冰立方给地球拍摄这样一张X光照片，所需要的时间却长得很，

从理论上说，这个过程需要十几年，或者更长的时间。这张照片就是隐形人在冰立方留下的足迹，当它摆在面前的时候，科学家就可以清楚地看清地球内部的结构，分辨出地核与地幔的明确界限，并且判断地球核心是由哪些物质元素组成的。

全波天文观测仪器
——望远镜家族的另类成员

远古的人们观测星空，他们发现，星星东升西落，可以准确地告诉我们时间，最早的天文学就是为了准确报告时间而诞生的。现在的天文学家依然观测星空，不是为了预报时间，而是为了了解物理规律。我们知道，遥远的星光仅仅是电磁波的一部分，从那遥远天体发出来的不仅仅是可见光，天体还带来电磁波的其他部分。比如红外线、紫外线、X 射线和伽马射线以及无线电波等。电磁波的其他成分同样带来了星星的信息，但是我们的肉眼却看不到它们。为了能够在电磁波的所有波段进行天文观测，人们制造了相应的设备，可以在各种波段观测。

当今的天文学，从观测手段上来说，被称为全波天文学。这些在其他波段观测天文的仪器也被称为望远镜，它们是望远镜家族的另类成员。也肩负起测天的使命，而且跟光学望远镜一样，有的也飞上了太空，突破大气层的干扰，用另外的眼睛观察宇宙。

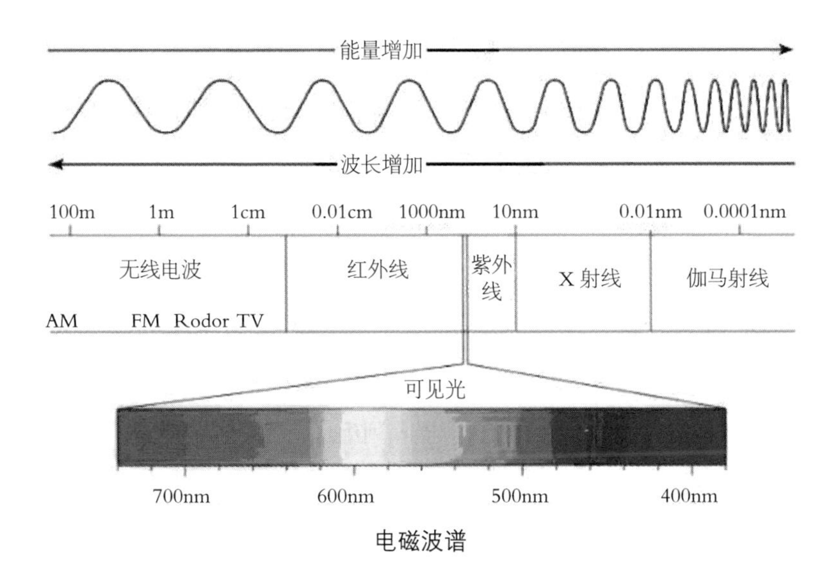

电磁波谱

红外线——斯皮策望远镜

任何物质，只要温度不低于绝对零度，都会发出红外线，所以所有的天体都会发出红外线。从20世纪80年代，红外天文观测开始发展起来，1983年多国联合发射了一颗红外天文卫星。工作了十个月，取得了很多重要成果。现在有些大型太空光学望远镜，也兼具红外观天的能力。在地面上，2007年，GTC大型天文望远镜开始投入使用，它耗资1.04亿欧元，坐落在西班牙加那利群岛的帕尔马岛上，完全建成之后将成为地球上最大的红外天文望远镜，能够观测最深层的时间和空间。虽然这种大型地面红外望远镜可以节省费用，安装便利，但是它也有很多不足之处。

地球的大气层对红外线有吸收作用，如果把红外望远镜放到外

太空，就会收到很好的效果。所以，红外天文望远镜最突出的代表还是太空望远镜，除了正在服役的广域红外探测器，还有斯皮策望远镜（SST）。

斯皮策望远镜属于美国所有，在2003年发射升空。它的口径为85厘米，虽然口径很小，但是得益于红外设备的大规模升级，可以收到很好的效果。它携带有红外阵列相机，可以在红外线的四个波段工作。红外色谱仪：由四个模块组合。多波段成像光度计：工作在远红外波段，由3个探测器阵列组成。

斯皮策红外望远镜并不是在地球轨道上空运行，而是在地球轨道的后方，环绕太阳的轨道上，所以它应该算是地球的兄弟，属于行星的级别。它在这里的位置是不稳定的，每年会以0.1天文单位的速度逐渐远离地球，这使得一旦出现故障，将无法使用航天飞机对其进行维修。

作为一台仪器，它本身会发出热量，也会产生红外线，会对观测目标造成干扰，为了避免这一点，它需要有一套制冷设备，首先把自己的镜片冷冻到5.5开氏度的温度。此外，它还有一个防护罩，遮挡住来自太阳和地球发出的红外光。

从光学原理上来说，斯皮策红外望远镜是卡塞格林望远镜，这跟光学望远镜的原理一样，在红外波段观测，它可以弥补光学望远镜的很多不足之处，太阳系以外的行星发出的光与恒星有着显著不同，它们不发光，而是反射恒星的光，因而光的温度很低，斯皮策可以在红外线观测中发现这些行星，还要研究它们是如何诞生的。河外星系和宇宙边缘的很多天体由于距离遥远，可见光较弱，但是红外辐射较强，它们也是斯皮策红外望远镜研究的重点。

一般情况下，它所携带的制冷剂会渐渐地消耗尽，那时候，它也就不起作用了，然而，在2009年5月15日耗尽低温制冷剂之后，斯皮策望远镜的红外阵列照相机仍能正常工作。到目前为止，它依然在起作用。

斯皮策红外望远镜

紫外线——星系演化探测器

当我们到阳光下活动的时候，常会被提醒小心紫外线辐射，它会对皮肤造成伤害。紫外线在电磁波的可见光和X射线之间，紫外线部分包含着较多的能量，紫外线按照波长不同，可以分为短波紫外线、中波紫外线和长波紫外线。紫外辐射的部分可以穿透大气层，使用高空气球或者高层飞机观测，但是大多数情况下，都需要使用太空观测设备。

2003年，NASA发射了星系演化探测器（GALEX），它其实是一台紫外线望远镜，作为望远镜，它的焦距是3米，直径0.5米、重280千克、探测波长135~280纳米的紫外线。

星系演化探测器拥有锐利的“紫外视力”，能够对夜空中的大部分区域进行观测，天体的紫外线光谱可用来了解星际介质的化学

成分、密度、温度，以及高温年轻恒星的温度与组成，在演化阶段早期或晚期的恒星，它们会发出很强的紫外线。

紫外线观测还可以告诉我们星系演化的信息，它的主要科学任务是研究宇宙大爆炸初期的氘合成，以及宇宙化学元素的合成，星系的化学演化，还可以研究宇宙的尘埃介质。

星系演化探测器在紫外波段拍摄了上亿个星系，它还发现了新生的星系。它看到了一个大型黑洞正在吞噬一颗恒星发出的紫外线，2012年，它还看到了一颗超新星爆发产生的束状气体，那些束状气体和尘埃被超新星的冲击波加热，可以在紫外条件下进行观测。

星系演化探测器由美国的多个科学研究机构参与研制，韩国和法国科学家也参与其中，它在地球上空697千米的圆形轨道上，计划的寿命是29个月，直到现在，它还在发挥作用。

X射线——钱德拉X射线望远镜

人们知道，太阳会发出X射线，月球会反射太阳光，所以月球也该会发出微弱的X射线，于是在1962年，一个探空气球升空了，但是，它却发现了天蝎座X-1是一个很强的X射线源，从那时候开始，X射线天文学诞生了。

医院X射线机器拍摄人体，可以看到一副骨头架。X射线具有很强的能量，很多种天体都会发出X射线，除了太阳外，已证实的有脉冲星、脉冲双星、超新星遗迹、X射线新星、塞佛特星系、类星体、黑洞等。

钱德拉 X 射线望远镜

从遥远天体发射来的 X 射线，在经过地球大气层的时候会被吸收，这就需要把望远镜放到太空。X 射线望远镜的原理比较特别，它们通常被称为掠射式望远镜。当 X 射线照射到金属板上的时候，会被阻碍挡住，但是，当它以很低的角度照射到金属板的时候，就不会被阻挡，而是被反射，也就是掠射。让 X 射线以很低的几乎是平行的角度照射到金属板上，并且聚焦成像，就是掠射式望远镜。这是一种反射式的望远镜，反射面一般采用抛物面或者双曲面，镜片有三种组合。

从气球探测到掠射式 X 射线望远镜，是一个发展历程，现在又有很多辅助手段的运用，使 X 射线天文学发展到新的阶段。当代 X 射线天文卫星有欧洲的 XMM- 牛顿卫星、钱德拉 X 射线天文台、日本的朱雀卫星等。钱德拉 X 射线（CXO）天文台是其中比较出色的代表，它在1999年发射，耗资15亿美元，作为空间 X 射线望远镜，它的观测能力已经不亚于地面上的大型光学望远镜。

钱德拉 X 射线望远镜总重约4.8吨，主镜为4台套筒式掠射望远镜，每台口径1.2米，焦距10米，接收面积0.04平方米。除此之外，它还携带着多台高级色谱仪器，包括由10台CCD组成的成像摄谱仪、高能透射光栅摄谱仪、低能透射光栅摄谱仪和高分辨率照相机。先进的成像设备与光谱分析技术相结合，标志着X射线天文学从测光时代进入了光谱时代，钱德拉X射线望远镜也因此成为X射线天文学历史上，具有里程碑意义的空间望远镜。

钱德拉X射线望远镜成绩斐然，大大加深了人们对黑洞的认识，天体在相互吞噬的时候会发生X射线爆发，它加深了人们对天体之间相互吞噬的认识。

钱德拉X射线运行在一条椭圆轨道上，近地点为1万千米，远地点为14万千米，轨道周期为64小时。直到今天，它依然在为我们孜孜不倦地工作着。

伽马射线——费米伽马射线空间望远镜

1900年，人们才知道自然界存在着伽马射线，在核爆炸中会产生伽马射线，广岛原子弹爆炸，人们才知道，它具有极高的能量，对生物有着巨大的伤害性，一个低能量的伽马射线光子，所携带的能量相当于几十万个可见光光子。它在电磁波谱中有着最高的频率和能量。简单地说，伽马射线是光的最高能量形式。

伽马射线具有很强的穿透性，可以穿透几厘米厚的铅板，所以没有办法让伽马射线汇聚起来，另一方面，即使是对着太空中最强的连续伽马射线源，两分钟也难以接收到一个粒子。更何况，伽马射线源一般都是突然出现，射出一股伽马射线之后，立刻消失了。

这些原因让伽马射线不能汇聚起来，更无法聚焦成像。把它称为望远镜实在是不恰当，它只是一种探测器，探测来自遥远深空时断时续的伽马射线。

探测伽马射线只能采用间接的方法，让它与其他物质发生作用，使用光电闪烁的方式来证明得到了一个伽马射线粒子。此外，探测设备还需要具有很好的反应性，出现闪光之后，可以迅速找到射线源。

伽马射线虽然具有很强的穿透性，但是却无法穿透地球大气层，所以只能高空探测，最好的办法就是飞出大气层。1991年发射了康普顿伽马射线望远镜，它工作了10年。2008年6月，德国、法国、意大利、日本、瑞典联合发射了费米伽马射线空间望远镜（GLAST）。

费米伽马射线空间望远镜观测对象是宇宙中的高能、超高能乃至极高能事件，比如中子星、黑洞、超新星爆发等。那里常常发生伽马射线爆发，它带有这样的监视系统，可以对全天空的目标进行监视，为此，它的视野极为宽广，可以看到约20%的天空。每三个小时可以扫过整个天空一周，一旦发现值得注意的目标，它就紧紧盯住。

一般来说，伽马射线很少出现，难以寻找，但是费米伽马射线空间望远镜却成绩斐然，仅在第一个月，它就探测到31次伽马射线爆发，在2008年9月，在船底座发生的伽马射线爆被记录到。这次爆炸能量相当于9000颗超新星爆炸，其相对论性喷流的运动速

度至少有光速的99.9999%。这是当时所知道的宇宙间最猛烈的爆发流。

费米伽马射线空间望远镜是当今最先进的伽马射线探测装置，它目前已经发现了很多奇异的射线源，它有助于我们理解宇宙深处的伽马射线是怎么产生的。

无线电——平方公里射电望远镜阵

在电磁波家族中，无线电是很重要的一个成员，很多天体发射无线电，接收无线电是探测它们的一种很好途径。在光学望远镜家族之外，最重要的主力军是射电望远镜，这个家族获得了巨大的发展，它的种类很多，有抛物面天线、球面天线、半波偶极子天线、螺旋天线等。最常用的是抛物面天线，看上去很像太阳灶，这就相当于它的接收镜面，由于它具有汇聚作用，所以完全可以把它称为望远镜。

各种望远镜都在努力扩大镜面的面积，因为面积越大，接收到的粒子也就越多，功能也就越好，在下一代建造计划中，最大的光学望远镜直径也超不过100米。跟射电望远镜相比起来，它们差得太远了。美国有直径305米的阿雷西博射电望远镜，中国也在建造直径500米的射电望远镜，这么大的射电望远镜，都是利用自然的山谷建造的。射电望远镜除了建造得足够大之外，还有一种方法可以提高性能，这就是建造庞大的阵列，把它们组合起来。所以，又出现了射电干涉仪，甚长基线干涉仪，合孔径望远镜等新型的射电

平方公里射电望远镜阵

望远镜技术。

射电望远镜组成阵列的技术发展越来越成熟，2016年，一个新的射电望远镜阵列就要开始建造，这是一个牵动全世界人心的望远镜，二十多个国家参与该计划，它被称为平方公里镜阵（SKA）。

它使用的射电望远镜，单个的抛物面直径只有15米，但是，要把3000个这样的抛物面组合在一起，就非同寻常，可以实现单个射电望远镜的口径1平方千米的效果，这也就是平方公里镜阵名字的来历。

这些射电望远镜组成的阵列分布在3000千米的范围内，跨越南非、澳大利亚、新西兰三个国家。之所以选择在地球南部地区，

就是因为这里的工业文明还不是那么发达，较少受到无线电信号的干扰，可以获得更好的效果。

3000台抛物面构建成功的这个网络还需要一系列其他技术的辅助，信号同步精度必须达到十亿分之一秒，所需光缆连接在一起的长度可绕地球两周。完成连接工作之后，计算机还要对碟形天线进行比较。每架望远镜1秒钟可产生大约20GB数据，足以在短短几分钟内装满存储量最大的计算机硬盘，为了分析这些数据，需要制造一台每秒运行100万万亿次的超级计算机，这样的计算机目前还没有。

平方公里镜阵是一个宏大的科学项目，该计划始于1993年，预计于2024年前后完工，但真正投入使用还要等到2030年底。天文学家们对它抱以厚望，期待它能探测到第一代星系形成时发射的电磁波，那是宇宙刚刚诞生不久的信息，还希望揭示磁场在恒星和星系演化过程中的作用，探测暗能量产生的种种效应，它还能接收到外星文明的无线电信号，帮助我们寻找外星生命。它的使用，将会大大改变我们对宇宙的了解。

星系湍化探测器

全波天文学的另类望远镜

全波天文学时代的观测设备，并没有那么严格的区分功能，比如，有些光学望远镜还兼具有红外望远镜的功能，观测无线电的射电望远镜，由于可以观测的波谱太宽，也有很多波段的区分。

红外线、紫外线、无线电探测设备都可以汇聚起来观测，所以可以称为望远镜。X 射线可以在低角度反射聚焦成像，它也可以称为望远镜。

但是，伽马射线穿透性强，就无法实现反射，也就无法汇聚成像，另外，伽马射线往往以爆发流产生，也很难寻找，即使偶尔探测到了几个，也不知道从哪里来，所以伽马射线望远镜空有其名，它们只能称为探测器，而不能称为望远镜。一般来说，伽马射线望远镜都要在太空工作，但是，还有一种探测伽马射线的望远镜不在太空，在地面上就可以工作，它使用的是切伦科夫辐射原理，它探

测的是伽马射线在进入地球大气层或者是进入水的时候，相互作用产生的反光。

在宇宙空间中，还会产生少量的其他高能粒子，比如中微子、正电子、反质子、阿尔法粒子等，也有形形色色的探测设备接收它们，切伦科夫辐射探测器成为探测它们的主力。这些少量的奇异粒子的探测课题，让天文学的研究变得更加热闹。但是它们仅仅是探测器，而算不上是望远镜。

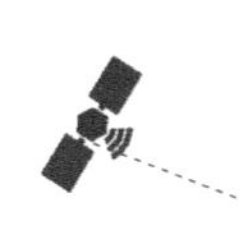

观测地球大气层的望远镜

伽马射线，来自宇宙的神秘信使

宇宙是什么样子的，它从哪里来，宇宙里面有些什么，这些问题一直困扰着天文学家，但是他们知道，这些问题跟微观世界有关，遥远恒星的内部都在发生剧烈的天体运动，释放出来各种高能量的粒子。尤其是能量最高的伽马射线粒子，这些粒子一往无前，奔向地球。它们是宇宙信使，告诉我们宇宙的奥秘。

为了能够接收到这些信使带来的信息，科学家建造了很多探测器，很多都飞上了太空，成为广为人知的望远镜，这仅仅是一个名字，其实它们谈不上是望远镜，它们不是在光学波段观测星空，而是在电磁波的其他波段观测。

光仅仅是电磁波的一部分，电磁波的很多波段肉眼是看不见的，必须要依靠探测器，比如红外线和紫外线，还有 X 射线。它们都可以使用相关的望远镜观测成像，但是伽马射线不同，它不能使用望远镜观测。它出现得也很少，即使是对着全天最密集的伽马

伽马射线高能立体望远镜

射线流，每分钟也接收不到一个。更困难的是，伽马射线的出现很偶然，不知道何时出现，出现了就是一阵子，只有短短的不到一分钟，这种出现被称为伽马射线暴，所以要探测伽马射线是很困难的。

但是，伽马射线却是天文学家最感兴趣的一种微观粒子，一种来自宇宙最神秘的微观粒子，它携带着最高的能量，它是来自宇宙的最重要的信使。

1900年，人们才知道自然界存在着伽马射线，在核爆炸中会产生伽马射线，它具有极高的能量，对生物有着巨大的伤害性，一个低能量的伽马射线光子，所携带的能量相当于几十万个可见光光子。它在电磁波谱中有着最高的频率和能量。简单地说，伽马射线是光的最高能量形式。

这个宇宙信使在进入地球大气层的时候会被阻拦住，所以只能到太空去探测。但是，科学家通过某种方式，想在地球上观测它们。

超过光速的微观粒子

光速是宇宙中最快的速度，超光速是不可能的，但是，在说这句话的时候，我们忽略了一个问题，光在宇宙真空中是最快的，如果在其他介质中，它的速度就达不到每秒30万千米，而是低于这个速度。比如，在地球大气层中、在水中、在某种透明的胶体中，光的速度就赶不上高能粒子。相对来说，粒子的速度超越了光速，于是，我们就会发现一个事情，这些粒子在进入介质的时候，会发生闪光，闪光叫做切伦科夫辐射，闪光会出现在粒子的身后，就像是一艘船在前面航行，我们虽然看不到船，但是却很容易看到船的后面，留下了荡漾开来的水波，水波就是指示器，告诉我们船过去了。

这一点给科学家很好的启示，可以在某种介质中探测微观粒子。当高能的伽马射线进入这些介质中的时候，就会产生闪光，于是科学家知道了，有伽马射线进入探测器。

但是这仅仅是探测器，它只能知道有没有出现粒子，还谈不上是望远镜，真正的伽马射线望远镜不仅知道有粒子来了，还能把这些粒子聚焦成像。

当把大气层当作是介子的时候，闪光就发生在大气层中，只要研究这些闪光的性质，就可以知道是什么粒子来了，这就是切伦科夫望远镜，它观测的是大气闪光。

伽马射线高能立体望远镜系统

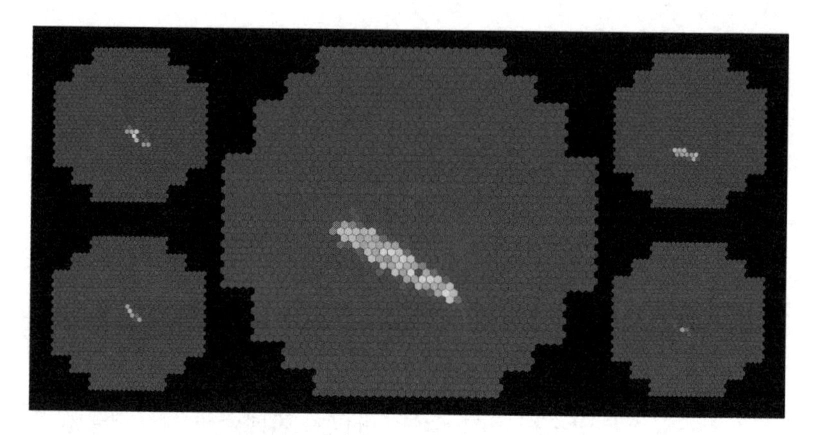

伽马射线立体望远镜拍摄的照片

世界上最大的切伦科夫望远镜

切伦科夫望远镜已经建造了很多，在这方面最有代表性的就是高能立体伽马射线望远镜。看上去它其实就是一台巨大的太阳灶，灶面并不是玻璃反光镜片，没有镜片那么高的精度，但是原理是一样的。它可以观察到大气层中的闪光，并把闪光汇聚起来。它的反光镜面直径达到28米，由875块六角形镜面构成，组成一个大的反光面。加上其他辅助设备总重量达到600吨，2012年7月投入使用。

在镜面的焦点位置，设置有大型照相机系统，重量达到了三吨，位于主镜面36米高的焦平面中，大约有20层楼那么高。时刻警惕着准备观察大气层的闪光，给进入地球大气层的高能伽马射线粒子留下一幅照片。

当伽马高能光子进入地球大气后，它与气体分子相撞，转化为正负电子对，这样产生的电子对进一步与大气相互作用，由此引发大气中的粒子一级一级地相互撞击，直到次级粒子能量过低不能引起新的反应为止，整个过程会有成千上万个粒子产生，这些闪光就会被望远镜的照相机观察记录下来。照相机具有极高的灵敏性，可以快速响应、瞬时成像，可以对天空中任意位置出现的伽马射线爆发做出反应。

直径28米的镜面仅仅是它的第二期工程，它还有另外四台12米直径的小型望远镜构成一个庞大的系统，另外四台望远镜位于它的周围，当大气层发射闪光的时候，由于所处的角度不同，可以较全面地观测，而且会给出一幅立体图像。

高能立体望远镜系统由德国、波兰、法国等多个国家参与建造，坐落在非洲的纳米比亚，主要观测南半球的天空。新型高能立体望远镜系统不但可以为科学家提供全球范围内最大的镜面，也可提供前所未有的图像揭示出观测对象的详细信息。

天文学家呼唤引力波

中微子的出现让引力波备感尴尬

1987年2月23日，对于天文学家来说，这是一个非常值得纪念的日子。这一天，他们发现了一颗超新星，这就是超新星1987A，最早把这个消息报告给天文学家的不是天文望远镜，而是中微子探测仪。在美国、日本和俄罗斯，有三个中微子探测器，它们深埋在地下，里面储藏着几顿特制的水。这一天，水箱中都出现了一系列的闪光过程，在短短的13秒钟内，闪光出现了24次，这是亚原子粒子的闪光，它们是一些比原子还小的粒子，这些粒子就是中微子，它们击中了水箱。于是粒子物理学家知道，一颗超新星爆发了。他们很快把望远镜对准了天空，也很快找到了爆发的这颗超新星，它就是1987A。

天文学家早就认为，中微子探测器可以在天体物理学上有重要意义，直到1987A爆发的这个时刻，才真正发挥了作用，理论上的中微子物理学开始变得具有实际意义。

这个消息让那些等候在引力波探测器后面的天文学家备感尴尬，按理说，他们的引力波探测器也能接收到超新星爆发的信息，它们能接收到爆发产生的引力波，可是，探测器却像傻瓜那样没有一点反应。

在最近的十几年中，天文探测的技术越来越强大，不仅光学望远镜获得了很多其他技术的支持，越来越强大，而且在电磁波的其他方面，都得到了大发展，红外线望远镜、紫外线望远镜、X 射线望远镜、伽马射线望远镜相继出现，取得了一个又一个成果。它们是光学望远镜之外的探测方法，它们的出现宣告着天文学已经进入到全波天文学时代。

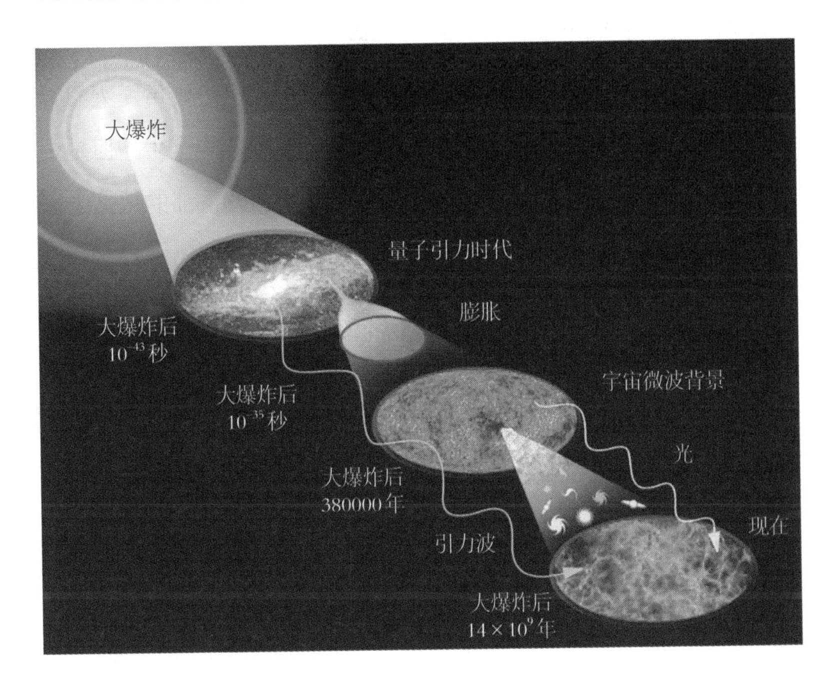

尤其是那些来自宇宙深空的X射线和伽马射线，让我们认识了高能的宇宙，即使是极高能量的宇宙射线，也能探测，高能立体伽马射线望远镜已经能够探测极高能量的宇宙射线。那些宇宙深空中发生的激烈事情，都会被这些电磁波带到地球，这些来自宇宙的信息都能被接收，它们是宇宙的信使，向我们报告宇宙深处发生的事情。全波天文学探测技术已经为天文学家打开了所有的天窗，让他们可以在所有波段观测宇宙。

但是，按照物理学理论，这并不是探测宇宙的全部窗口，还有另外两扇天窗没能打开，它们不属于电磁波，这就是中微子和引力波。在宇宙深处发生激烈的变化过程中，不仅会产生中微子，也会产生引力波，它们也是观测宇宙的天窗。

面对超新星1987A的爆发，中微子探测器交上了一份完美的答卷，它告诉人们，中微子真的能在激烈的宇宙事件中产生。但是引力波探测器却毫无反应，难怪，那些守望引力波探测器的天文学家会备感尴尬。

引力波的理论也陷入了凹坑?

在中国唐朝，僧一行组织了全国范围内的大规模天文大地测量工作，他的测算表明，北极高度差一度，南北两地相距351里80步。这已经表明我们所居住的大地是圆的，但是，谁都不能得出这样的结论，如果你说大地是圆的，就会有人问你：为什么另一面的人不会掉下去？在万有引力理论还没有诞生的时代，是没办法回答这个问题的。今天我们知道，地球另一面的人之所以不会掉下去，是因为地球对他有吸引力。任何两个物体之间都有引力，它们相互吸引。

当代，天文发现表明，万有引力理论是主宰宇宙的基本法则，任何天体之间都要遵守这一法则，小天体环绕着大天体运行就是这一法则的基本体现。万有引力还会衍生出一系列其他效应；按照万有引力理论，光在宇宙中传播的时候，如果遇到大天体，就会发生转弯，引力透镜也证明了万有引力的正确。按照万有引力理论，只要引力存在就会产生引力波，但是，直到今天，人们还是没有探测到引力波。这就像是物理学家给引力波的概念作出的解释那样，引力波的探测也陷入了凹坑。

引力波是什么，科学家解释说：如果把空间看作是一块布匹，那么一颗星球就会在这块布匹上压出凹坑，质量越大，压出的凹坑也就越大。天体在向前运动，这个凹坑也随之向前运动。天体发生了剧烈的运动，比如被什么东西撞击了一下，那么这块布匹就会发生颤动，这种颤动就是引力波，产生的引力波会像水波那样荡漾开来，久久不散。

现在已经知道，天体发生激烈运动的机会多得很，比如超新星爆发、天体相撞击、黑洞捕获物质等都会发出引力波，但是，人们就是探测不到引力波。寻找引力波的研究也陷入了凹坑，始终找不到引力波存在的证据，这种研究看不到出头之日。

引力波的间接证明

之所以检测不到引力波，是因为引力波实在是太微弱了，地球在环绕太阳运行的过程中，也会产生引力波，它功率只有千分之一瓦，而一个电灯泡的功率是100瓦，由此可见，引力波有多么微弱。但是，宇宙中一系列激烈的天体运动会产生较强烈的引力波。比如高致密度的恒星如果以接近光速的速度运动时，产生的引力波很大。超新星爆发也会产生很强的引力波。当两颗旋转黑洞相撞时，也会产生强烈的引力辐射。靠得很近的双脉冲星也会产生很强的引力波。这些天体运动的事例很多，但是都没有发现它们发出引力波。

唯一能让物理学家感到一丝安慰的是，从第一个被发现的双脉冲星的运行中发现了一点蛛丝马迹，从而间接证明了引力波的存在。

脉冲星是老年的恒星经过一次超新星爆发之后的产物，爆发之后就只剩下一个核心，也就是中子星，密度极高，质量却不小，它们有很强的磁场，磁场从两个磁极发射出来，向太空中喷射出锥形的能量波。由于它们像疯子那样高速度地自转，所以从磁极喷射出来的能量就像是旋转的灯塔那样，一圈又一圈地横扫过深邃的星空，如果地球上的人们正好处在被它扫射的范围内，我们就称呼它是脉冲星。现在科学家已经发现的脉冲星超过一千颗。

1973年，科学家发现了一对双脉冲星，它们被称为PSR1913+16。其实这并不是两颗纯粹的脉冲星，这只是一颗脉冲

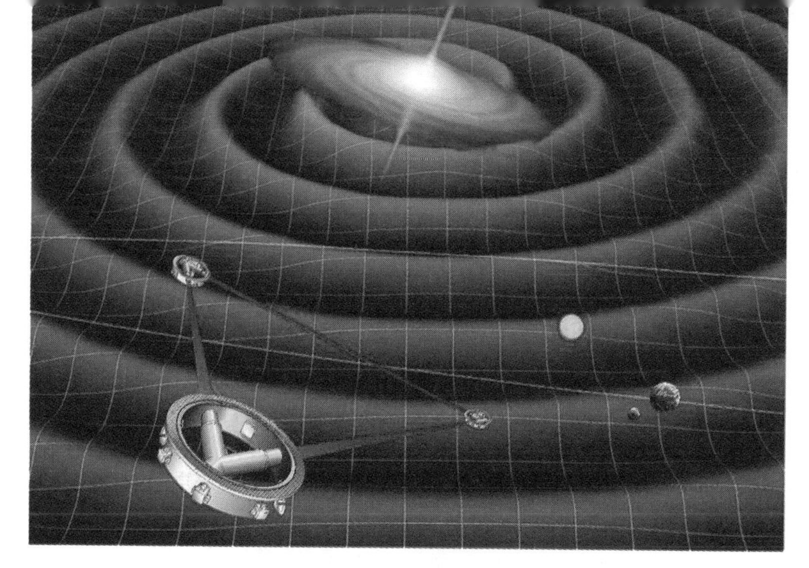

激光干涉太空天线

星和一颗中子星的组合，是不是脉冲星倒没关系，关键是这两颗星体的密度都很大，靠得也很近，它们在一起相互环绕运行的时候，就会发出引力波。虽然在这里并没有发现引力波，但是它们间接地证明了引力波的存在。

它们彼此靠得很近，相互绕转，这是一个很危险的事情，轨道会越来越小，相互之间的距离会越来越近，最终它们会融合在一起，这就是引力波辐射导致的结果。实际观测证明，它们的轨道周期确实在逐渐减小，减小的程度很符合理论计算。这就间接地证明了引力波的存在，这对双星的引力波辐射导致了系统动能损失，进一步表现为双星轨道的逐渐减小。

过去的引力波探测器

引力波除了通过这种方法间接地被证明存在之外，目前还没有被直接探测到的证据，但是，为了寻找引力波，科学家却花费了太

多的心思、太多的钱财，形形色色的探测器出现了很多种。

第一架实际投入应用的引力波探测器是在20世纪60年代建造的，它是美国人建造的铝质实心圆柱，铝质圆柱体长约3米，质量约为1000千克，用细丝悬挂起来。这个圆柱会发生共振，共振频率在500赫兹至1500赫兹的范围内。当引力波扫来的时候，圆柱会发生谐振，圆柱周围的压电传感器会检测到引力波。这样的圆柱必须有两个，另一个设置在距离此处1000千米的另一个地方，只有它们共同接收到引力波才能有效。这个探测器除了引起一些误会之外，就再也没有什么实际价值。

有人认为是建造得不够高级，于是更复杂的铝质圆柱形探测器出现了，但是都没有得到令人信服的证据。

20世纪70年代之后，激光干涉引力波探测器开始登场，美国在路易斯安那州和华盛顿州建造了两台激光干涉仪引力波观测台，它们相距3000千米。这样的距离设置两个探测器是为了避免一系列不必要的麻烦，比如地震、雷暴、火车行驶、飞机飞行等各种因素都会对它们造成干扰，这些因素不可能在两地同时发生。

两个探测器都是一个L型的伸长的探测臂，互相垂直，长4千米，当引力波到来的时候，由于时空发生畸变，会使相互垂直的探测臂一个伸长、一个缩短。在管的两端和转弯处有反射镜，激光束可以在镜面之间来回反射，这样可以使有效臂长增加近50倍。它们会造成激光束的明显变化，也就是在弯处的镜面，干涉条纹会发生变化。于是，就可以得知，引力波出现了。这个观测台2002年开始启用，至今也没有探测到引力波。

几乎与此同时，另外一系列相似的探测设备也在建造，法国和意大利联手建造了一台，每个臂长3000米。德国和英国合作建造了一台，每个臂长600米。日本独立建造一台，每个臂长300米。日本还计划建造另一台，臂长达到3000米。它们也都没有找到引力波存在的证据。

新时代的引力波探测器

尽管不惜血本的建造耗费了巨大的人力、物力，但是，引力波就是不肯出现。物理学家还是不死心，非要找到引力波存在的直接证据。这不仅关系到它是否存在的问题，还关系到宇宙大爆炸的探测。

在宇宙大爆炸的头100万年内，没有电磁辐射，或者说，那些能发出电磁辐射的星体能发出的电磁辐射很弱，或者说它们还没有发出电磁辐射。但是，它们的引力波辐射却是很强大的，而且不受干扰，可以穿透任何物质，一往无前地来到地球。所以，它们与传统的电磁波观测有很强的互补性。它们可以打开宇宙的另一扇天窗，可以探测到宇宙早期最原始的信息。

既然它有这么重要的意义，探测就还得继续下去。于是，探测设备还得进一步升级，为了避免地面的干扰，引力波探测开始进入空间时代。科学家决定把这样的探测设备送上天，在太空探测引力波。

这是一项庞大的计划，即使是发射费用，研究机构都无法承

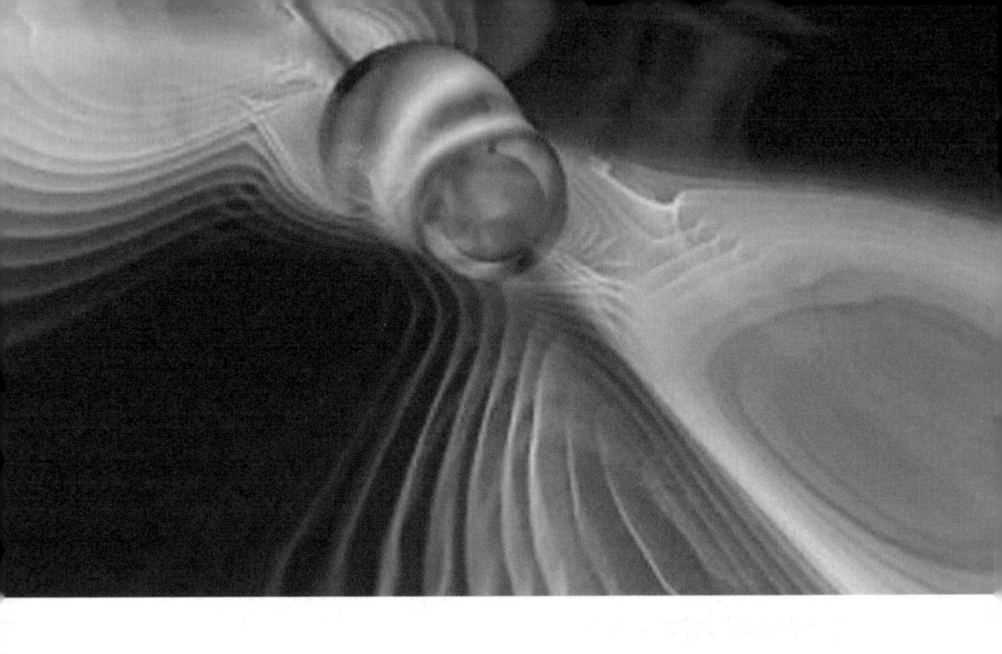

担，这是欧洲航天局和美国航天局联合承担的项目，全称为“激光干涉太空天线”。它的探测臂长不是几百米，也不是几千米，而是延伸到500万千米，距离之间的精度可以达到1微米。探测设备也不是两台，而是三台，三台一起组成了等边三角形，它将不会再受到地面上的各种干扰，可以探测到非常微弱的引力波。

每个测量台看上去就像是一个圆环，圆环的中间是Y形结构，悬浮着一个立方金属块，它不受任何环境的干扰，只有当引力波冲击它的时候，才会发生微小的改变，通过一系列激光干涉技术，就可以测量出变化的程度。激光干涉太空天线将在2015年升空，运行在环绕太阳的轨道上，为了不受地球的干扰，它与太阳保持一定的夹角。

当一部分科学家准备把引力波探测设备放到太空中去的时候，欧洲的另一些天文学家激发了更高涨的引力波探测热情，他们准备把引力波探测器放到地下。因为引力波概念最早是由爱因斯坦提出的，这个规模庞大的探测器被称为爱因斯坦望远镜。爱因斯坦望远镜的探测臂将有10千米长，它们将被建造于地下100多米深的隧道中。这些隧道实际上将包含以不同频率操作的两部探测器，它们将共同覆盖可在地球上探测到的所有频率——从1赫兹到10000赫兹。将有200多位科学家参与其中，研究人员现在的目标是组建自己的团队，并开始开发修建爱因斯坦望远镜所必需的激光、光学和机械技术。爱因斯坦望远镜被称为第三代引力波探测器，它耗资10亿欧元。

等待100年的探测结果

早在1916年，爱因斯坦在提出“广义相对论”时就预言了引力波的存在，广义相对论中预言的其他科学效应一个个被检验出来，从来没有什么像引力波这么难以探测到。探测器的精度越来越高，可是引力波还是不肯出现。

如果说，铝质实心圆柱是第一代引力波探测器的话，那么一对L臂就是第二代引力波探测器，马上就要出现第三代。伴随着这些探测技术的发展，探测器从地面开始升到宇宙空间，又从宇宙空间深入地下。寻找引力波，导致了科学界的一场大竞赛，为了探测引力波，世界各国投入了太多的人力、物力。目前，很多国家都制定了相关项目，参与到寻找引力波的竞赛中来。

激光干涉太空天线和爱因斯坦望远镜也许会不负众望，找到引力波。爱因斯坦望远镜当然不是望远镜，仅仅是两台组合在一起的引力波探测设备，之所以叫这么一个名字，大概是物理学家在想："我们都找不到引力波，还是爱因斯坦你自己来找吧。"

2016年，相对论发表100周年，作为里面的重要内容——宇宙大爆炸的时候，就开始荡漾的引力波——究竟能不能找到，就成为关键的时刻。如果还是不能找到引力波，那些雄心勃勃的引力波天文学家就会受到严重打击，他们也许会恨恨地说："爱因斯坦这家伙脑子进水了。"

幸好，爱因斯坦的脑子没进水，2014年3月18日，美国物理学家宣布首次观测到宇宙原初引力波存在的证据。这一发现如获证实，将是物理学界里程碑式的重大成果。

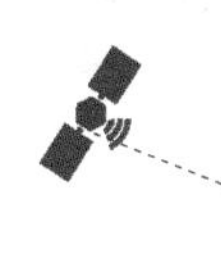

欧洲大型强子对撞机
——霍金与希格斯的一场豪赌

最伟大的机器

在四川汶川大地震发生之后的几个月里，世界陷入了恐慌，恐慌的原因是因为另一场所谓的灾难，这场灾难跟任何一场灾难都不一样，它有着明确的发生日期。这个日子就是2008年9月10日下午3：30分，这个时间就是欧洲大型强子对撞机启动的时间。

为了阻止欧洲大型强子对撞机的启动，有人给这项计划的执行者——欧洲核子研究中心发送恐吓性的电子邮件，更有黑客攻击欧洲大型强子对撞机的计算机系统。在欧洲很多国家，还有一批人行动起来，要求法院采取措施，制止欧洲大型强子对撞机的启动。虽然出现了如此恐慌的局面，但是物理学界却是一片欢腾，物理学家们急不可待地等待着它的启动，并把欧洲大型强子对撞机称为世界上最伟大的机器。

既然被称为最伟大的机器，人们自然要用机器这个概念来想象它的模样，其实它一点也不像是机器，而更像是一个巨大无比的呼

啦圈，这个呼啦圈横跨法国和瑞士两国，精确周长是2.6659万米，内部不仅是封闭的，而且还是高真空的，仅仅磁体，它就有9300个。在一篇科幻小说中，追求终极科学问题的人们，把对撞机建造得比地球还要大得多，它漂浮在地球的上空，环绕地球一周，成为地球名副其实的呼啦圈，一抬头，就可以看到它。但是，欧洲强子对撞机却不容易看到，不仅在空中看不到，在地面也看不到，它在地下100米的深处，仅仅有少部分设施建在地面上，那是一些数据分析处理系统。

欧洲大型强子对撞机既然如此庞大，当然也有很多令人叹为观止的本领，它可以先用1.008万吨液态氮将磁体的温度降低到–193.2摄氏度，然后再进一步把所有的磁体的温度冷却到–271.3摄氏度，这基本达到了低温世界的极限。低温的本领让人叹为观止，高温的本领更强大，当两束质子在这里相撞击的时候，温度比太阳中心的温度还高10万倍。

管道内是真空的，这样可以避免高速质子与空气成分相撞击，它也是太阳系气体最稀薄的地方。在这里，质子将会发生每秒6亿次的撞击，为了分析这些数据，它的电子计算机系统也是最强大的，只不过这些计算机系统不需要安装在这里，而是依靠网络技术，把世界上许多最强大的计算机连接在一起共同执行任务。

欧洲大型强子对撞机的建造一直是科学家的梦想，为了这个梦想，它花费了70多亿美元的资金和十几年的时间才建造出来，它不属于哪一个科研结构，也不属于哪一个国家，而是30多个国家的共同财产。它的实验，可以揭示许多一直困扰人类的终极科学问题，它是人类文明发展到一定阶段的必然产物。

揭开上帝粒子的面纱

宇宙中有黑洞吗？科学家可以明确地告诉你：有。宇宙中有外星人吗？对于这个问题，科学家只能摇头，因为他们使用了几乎所有的工具，也没有找到外星人的一点线索，那么外星人到哪里去了呢？虽然科学家没法回答，但是对强子对撞机感到恐慌的人们却给出了一个幽默的答案，他们说：“宇宙中本来有外星人，当他们的文明发展到一定程度的时候，都会对宇宙的起源充满好奇，于是他们就要做强子对撞机试验，结果搞出来一个黑洞，黑洞把他们的星球吞噬了，所以，宇宙中也就没有外星人了，只留下来不少的黑洞。”

这个笑话真实地反映了人们的担心，人们担心欧洲强子对撞机

将会制造出来一个黑洞。黑洞是引力很大的一种天体，它会吸引它身边所有的东西，一旦黑洞产生出来，它也会把地球当作点心吞吃掉，地球都没有了，这是人们能够想象到的最可怕的灾难。但是，物理学家霍金却认为，黑洞并不会把什么东西都吞吃掉，黑洞最终会以霍金辐射的方式消失，霍金要改变黑洞的恶棍形象并不那么容易，人们都知道宇宙中有黑洞，却不知道黑洞还会蒸发。欧洲大型强子对撞机让霍金看到了希望，他希望他的这个观点能够得到验证。

但是，欧洲大型强子对撞机却并不是为了验证霍金的理论而建造的，可以说，它是为了验证另一位物理学家的理论而建造的，这位物理学家就是英国的希格斯。希格斯预言了一种粒子，被称为希格斯玻色子，也被简单称为希格斯粒子。它就像是一种黏结剂，把物质世界最小的粒子黏结在一起，让它们拥有了质量，有质量才有引力，有引力才维护了宏观世界的物理规则。不管是宏观世界，还是微观世界，希格斯粒子是那么重要，以至于人们称之为上帝粒子。现在，很多预言中的微观粒子都被发现了，唯独没有发现希格斯粒子，它深深地掩藏在微观世界里面，不肯揭开面纱。

欧洲大型强子对撞机要揭开的谜团还不止

这些，它还可以帮助我们了解很多令人困惑的问题。科学家认为，宇宙在大爆炸之初，到处是一片粒子的海洋，短短的几微秒之后，粒子有了各种各样的分化，欧洲大型强子对撞机将要模拟这个宇宙大爆炸的过程，通过这种模拟，也可以让我们看看指挥物质分化规律的是谁，它把宇宙中百分之九十多的暗物质搞到哪里去了？它把反物质送到何处去了？它是不是还制造出来了另外维度的空间？很多人认为，指挥这一切的神秘人物很可能就是上帝粒子，至少可以说，它跟这一系列事件都有关，它是宇宙大爆炸交响曲的指挥者，只有在欧洲大型强子对撞机的喷口，我们才会找到它的踪影。

两个对头等上帝掷骰子

强子对撞机开动起来的时候，那些质子在呼啦圈的管道内高速地奔跑，运行了一圈又一圈，在不断地加速中接近光速。与此同时，还有另一束质子沿着相反的方向被加速，最后在一个特别的喷口射出来，两束质子相撞击，撞击就会出现新的微观粒子，不管是黑洞，还是希格斯粒子，或者是还没有预言到的其他奇异粒子，都会在这里诞生，这个喷口就是微观世界之门。

在这扇大门的门口等候的不仅有那些物理学家，还有无数思考宇宙起源的思想家，当然，最引人瞩目的人应该是希格斯。强子对撞机试验就有可能找到希格斯粒子，所以希格斯对此充满了希望，当时这位即将80岁的老人说："我只能祈求上帝粒子，让我多活几个月，看到它出现的那一刻。"

另一个最引人瞩目的人是霍金，霍金似乎要做希格斯的对头，他一心想让黑洞出现，来验证他的理论，而不希望希格斯粒子出现，他说："如果未能发现希格斯粒子，我想这应该是一件更令人兴奋的事情，这说明有些想法是错误的。"并且，一贯好赌的霍金还要再赌一次，他说："我赌100美元找不到希格斯粒子。"希格斯也作出反应，他认为出现黑洞假说太夸张了，这个实验不会出现可怕的黑洞。

欧洲大型强子对撞机，就像是上帝手中的骰子，上帝马上要掷骰子了，霍金和希格斯就像是两个赌徒，瞪大眼睛等着看有利于自己的结果。

2008年9月10日，欧洲大型强子对撞机在全世界的关注中启动了，世界并没有因此灭亡。但是，仅仅过了9天，就因为氦发生泄漏而停止运行，14个月后它重新启动，第一束质子束当晚贯穿整个

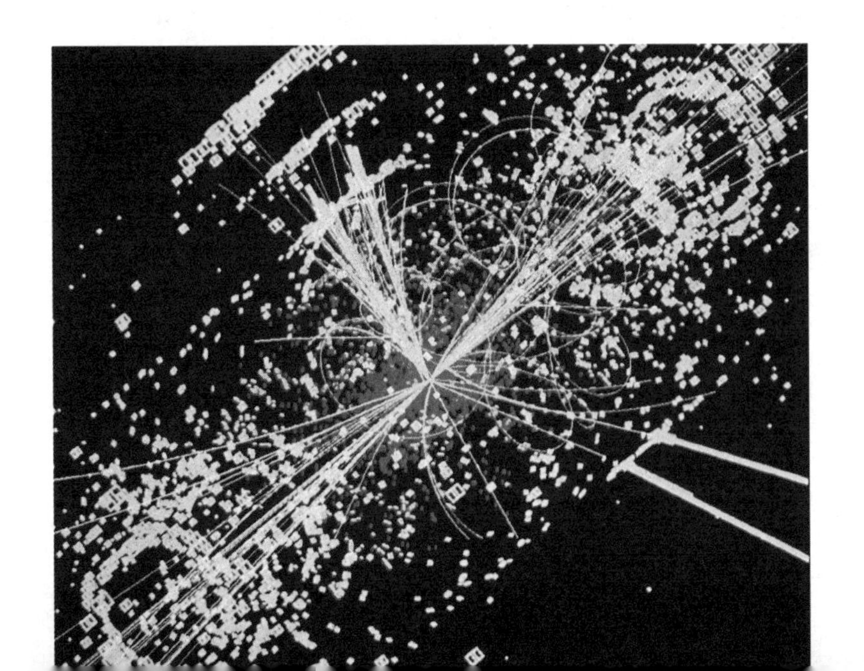

对撞机，标志着对撞机恢复正常运转。

上帝粒子登场了

2011年，大型强子对撞机在工作，2012年，它还在寻找上帝粒子，这一年它取得的数据量相当于上一年的两倍。质子束在全长27千米的环形隧道中以每秒11245圈的速度狂飙然后相撞，在极细微的空间爆发如10万倍太阳温度的超级高温。这一刻就像宇宙大爆炸时，释放大量能量和基本粒子，冷却后形成组成物质的质子和中子，希格斯粒子就有可能产生在其中。

如果希格斯粒子出现了，还有很麻烦的问题，那就是：我们怎么认识它就是希格斯粒子？希格斯粒子无法直接观测到，只能通过观测到某种粒子衰变后产生的光子等其他粒子，反推这些光子会不

会是粒子碰撞产生的希格斯粒子衰变出来的。更加困难的是，这种粒子一旦产生就转瞬即逝，在碰撞后十亿分之一秒的时间内衰变，因此要想捕捉到它极不容易，需要进行足够次数的相撞，并进行海量数据分析。

2011年逐渐发现了一些新粒子存在的迹象，2012年一系列的数据统计可以让人信服，新粒子是确实存在的。终于，在2012年7月4日这一天，欧洲核子研究中心庄严地宣布：发现了上帝粒子，也就是希格斯粒子。这是全世界几十个国家、几百个科研单位、数千名研究人员几十年艰苦努力的成果，这是物理学领域的一项重要发现。宇宙万物皆有质量，但质量的来源是什么？随着上帝掷出的这个骰子，这个终极问题有望得到解答。

当大型强子对撞机首次启动又被迫关闭的时候，希格斯有些茫然，祈求上帝粒子让他多活几个月，可是他多活了5年多，他出席了欧洲核子中心的新闻发布会，希格斯哽咽地说："这些结果浮现的速度让我震惊和喜悦……我没想到自己能在有生之年看到这一切的发生。"他还告诉家人给他在冰箱中放一些香槟，他要好好庆贺。

半死不活的史蒂芬·霍金也依然活着，他很大气，他承认自己输了，除了表示祝贺之外，他在英国广播公司说："这是一个重要的发现，应该能带给彼得·希格斯一个诺贝尔奖。"

霍金曾经与美国密歇根大学的凯恩教授打赌，认为希格斯粒子不会被找到。此刻，他说："我输掉了100美元。"100美元是一场小赌，但这是关乎人类认识世界的一场豪赌。

图书在版编目（CIP）数据

探天利器 / 戴铭珏编著 . —北京：清华大学出版社，2015(2019.6 重印)
（理解科学丛书）
ISBN 978-7-302-40739-3

I. ①探… II. ①戴… III. ①天文观测 – 青少年读物 IV. ① P12-49

中国版本图书馆 CIP 数据核字（2015）第 161845 号

责任编辑：朱红莲
封面设计：蔡小波
责任校对：刘玉霞
责任印制：刘祎淼

出版发行：清华大学出版社
网 址：http://www.tup.com.cn，http://www.wqbook.com
地 址：北京清华大学学研大厦 A 座 邮 编：100084
社 总 机：010-62770175 邮 购：010-62786544
投稿与读者服务：010-62776969, c-service@tup.tsinghua.edu.cn
质量反馈：010-62772015, zhiliang@tup.tsinghua.edu.cn
印 装 者：河北锐文印刷有限公司
经 销：全国新华书店
开 本：145mm × 210mm 印 张：5.25 字 数：107 千字
版 次：2015 年 8 月第 1 版 印 次：2019 年 6 月第 2 次印刷
定 价：39.00 元

产品编号：064999-02